INHALT

Mein Chef ist eine Frau

Juliane Gringer

Mein Chef ist eine
FRAU

Erfahrungsberichte über die
weibliche Seite der Macht

SCHWARZKOPF & SCHWARZKOPF

Es gibt keinen Erfolg ohne Frauen.
KURT TUCHOLSKY

»Frauen sind schlechte Chefs. Männer auch.«

Vorwort

Andersherum kann man es genauso sagen: Frauen können tolle Chefs sein. Männer auch. Warum scheint es dann immer noch ein ungeschriebenes Gesetz zu sein, dass Männer auf dem Karriereweg Vorrang haben und dass auf dem kühlen Leder der Chefsessel dieser Republik meist männliche Geschlechtsteile ruhen?

Deutschland im Jahr 2011: Ministerinnen fordern Frauenquoten und werden von Dax-Konzernen mit halbherzigen Versprechungen abgespeist. Feministinnen werfen ihren Geschlechtsgenossinnen vor, dass sie ihre Freiheit und Bildung vergeuden und sich den Männern unterwerfen, statt sich im Beruf selbst zu verwirklichen. Gleichzeitig werden viele Frauen, die nach oben wollen, sehr unsanft von der sogenannten »gläsernen Decke« gestoppt – der unsichtbaren Grenze, die Frauen auffallend häufig von den wirklich hohen Positionen in der Geschäftswelt fernhält. Klar, die Bundeskanzlerin ist eine Frau! Aber: Auf den oberen Stufen der Karriereleiter machen sich nach wie vor die Kerle breit. Eine Frau als Chef – das ist für Arbeitnehmer in deutschen Firmen noch lange nicht das gewohnte Bild.

Die Zahlen sind verheerend: Gut die Hälfte der deutschen Bevölkerung ist weiblich. Bei den zweihundert größten Unternehmen Deutschlands liegt der Frauenanteil in den Vorständen jedoch bei nur 3,2 Prozent, also bei 29 von 906 Posten.[*] Rund 3.700 Euro

---

[*] Deutsches Institut für Wirtschaftsforschung e.V., Wochenbericht 3/2011

stehen bei weiblichen Führungskräften auf dem Gehaltszettel, statt 4.900 Euro bei den Männern. Ein Viertel weniger also: die »Gender Pay Gap«.[*] In den sogenannten »Frauenberufen« werden Führungskräfte vergleichsweise sogar noch schlechter bezahlt. Es sei denn, sie sind Männer: Ein Chef in einem Frauenberuf verdient etwa 1.500 Euro mehr im Monat als eine Chefin in einem Frauenberuf. Mit Differenzen in der Qualifikation lässt sich das kaum erklären, sondern nur mit der Verbreitung von Geschlechterstereotypen und schlechten gesellschaftlichen und kulturellen Rahmenbedingungen.[**]

Solche Fakten sind bizarr, ungerecht und passen längst nicht mehr in unsere Zeit.

»Biologie mag Schicksal sein – alles Weitere nicht«, sagt die Journalistin Bascha Mika[***] und macht Hoffnung, dass sich an diesen Zahlen etwas ändern kann, und zwar auch aus eigenem Antrieb der Frauen.

Dieses Buch soll sehr persönliche Blicke dahin erlauben, wo Frauen bereits führen – und damit vor allem zeigen, welches Potenzial in einer weiblich geprägten Chefetage steckt. Denn natürlich gibt es sie: weibliche Führungskräfte, die sich durchgesetzt haben – mit Kompetenz, Selbstbewusstsein und manchmal sicher auch einem Quäntchen Glück. Sie führen eine Handvoll Mitarbeiter oder Tausende. Sie wollten schon immer Karriere machen oder sind durch Zufall in diese besondere Verantwortung hineingerutscht. Sie haben sich für Karriere und Familie entschieden – oder für Karriere statt Familie. Ich bin quer durch Deutschland gereist, habe acht von ihnen getroffen und ausführlich mit ihnen gesprochen.

Und ich habe 16 Menschen kennengelernt, die sagen können: »Mein Chef ist eine Frau.« Dabei habe ich es all meinen

---

[*]   Berechnungen des DIW Berlin auf Basis des Sozio-oekonomischen Panels (SOEP)
[**] Nach Aussagen von Elke Holst, DIW-Gender-Ökonomin
[***] Bascha Mika: Die Feigheit der Frauen: Rollenfallen und Geiselmentalität. Eine Streitschrift wider den Selbstbetrug. 2011, C. Bertelsmann.

Interviewpartnern, denen ich an dieser Stelle ausdrücklich für ihr Interesse an dem Thema, ihre Zeit und ihr Engagement danken will, nicht einfach gemacht. Mit einem banalen »Ja, meine Chefin ist halt manchmal ganz schön zickig« oder »Sie ist toll!« habe ich sie nicht davonkommen lassen. Sie sollten schon ganz genau erzählen, wie sie ihre Chefinnen sehen und wie diese Frauen führen, was sie gut machen und was schlecht. Ich bat sie auch um eine Einschätzung, was all das vielleicht mit dem Geschlecht zu tun haben könnte – oder auch nicht.

Damit sie völlig frei sprechen konnten, haben mich einige meiner Interviewpartner darum gebeten, ihren richtigen Namen nicht zu nennen und auch nicht zu erwähnen, wer ihr Arbeitgeber ist. Diesem Wunsch bin ich selbstverständlich nachgekommen und habe diese Porträts entsprechend gekennzeichnet.

Die acht Chefinnen, die in diesem Buch zu Wort kommen, habe ich gefragt, warum sie Karriere machen, wie sie aufgestiegen sind und wie sie sich dabei gegen männliche Konkurrenten durchgesetzt haben. Wollen Frauen überhaupt Macht besitzen und ausüben? Wenn ja: Wie leben sie sie aus? Wie erleben sie sich selbst als Chefin und wann spielt ihr Geschlecht für sie persönlich im Beruf eine Rolle? Über all diese Aspekte haben sie mit mir gesprochen.

Ich bin als freie Journalistin in erster Linie meine eigene Chefin. Manchmal arbeite aber auch ich mit jemandem zusammen, der für mich eine Chefposition innehat. Wie viel »Chef« ich also genau in meiner täglichen Arbeit erlebe, kommt ganz darauf an, wie stark die jeweilige Redaktion mich einbindet. Deshalb war ich sehr gespannt darauf, durch die Interviews so tiefe Einblicke in verschiedene Firmen, Positionen und Sichtweisen zu bekommen.

In diesem Buch gebe ich sehr persönliche und individuelle Ansichten wieder. Man kann durch die Porträts nicht auf »die Chefin als solche« schließen, es ergibt sich daraus kein Prototyp, anhand dessen man beurteilen könnte, ob Frauen Chefposten besser ausfüllen, ob sie sie »verdienen« oder nicht – aber darum geht es mir auch gar nicht, sondern vielmehr darum, konkrete Bilder von Frauen in Führungspositionen zu zeichnen, und zwar aus verschiedenen Perspektiven.

Die Berichte zeigen, wie unterschiedlich Frauen im Beruf agieren. Es werden sehr verschiedene Typen porträtiert: von der charismatischen Führungspersönlichkeit bis zum inkompetenten Weichei. Denn letztlich ist es keine Frage des Geschlechts, wie jemand seinen Beruf ausübt, sondern eine Frage des Charakters. Das war auch das häufigste Statement, das ich zu diesem Thema gehört habe: »Mir ist es völlig egal, ob mein Chef ein Mann oder eine Frau ist.« Doch so egal kann es auch wieder nicht sein. Denn es gibt Unterschiede zwischen den Geschlechtern und es gibt Unterschiede zwischen Chef und Chefin.

Wir werden uns wohl genauso von bestimmten Klischees in Bezug auf Mann und Frau nie komplett frei machen können: Nicht nur andere beurteilen wir anhand von Stereotypen, wir haben auch noch Klischeevorstellungen darüber, wie wir selbst als Frau oder Mann handeln sollten. Insbesondere in der Arbeitswelt kommen noch unsere beschränkten Erfahrungswerte mit Frauen hinzu: Weibliche Chefs werden grundsätzlich anders wahrgenommen, schon weil der männliche Chef noch immer die Norm ist (wenn auch nicht in allen Branchen). Und alles, was von der Norm abweicht, fällt uns auf, wir schenken ihm mehr Aufmerksamkeit und stellen es eher infrage.

Als Chefin steht man deshalb unter besonderer Beobachtung. Das fängt damit an, dass bei Frauen oft daran gezweifelt wird, ob ihr Aufstieg berechtigt war. Wer denkt bei dem zotigen Witz von der Besetzungscouch schon an einen Mann, der sich lasziv auf dem Sofa rekelt, um an einen Job zu kommen? Chefinnen werden bestimmte Verhaltensweisen zudem schnell als »typisch weiblich« ausgelegt – wie angebliche Zickigkeit oder Naivität. Und auch was ihr Erscheinungsbild angeht, hat man sie deutlich stärker im Blick: Sie müssen sich gefallen lassen, dass sie mehr nach Äußerlich-

12

keiten beurteilt werden als ihre männlichen Kollegen. Für Frauen heißt es, die Gratwanderung zwischen zu herb und zu weiblich, zwischen aggressiver Kompetenzdemonstration und betonter Harmlosigkeit zu meistern. Ich bin mir vollkommen darüber im Klaren, dass dieses Buch sich von solcherlei Beurteilungen nicht frei machen kann – schließlich habe ich die Mitarbeiter explizit nach ihrer Meinung über ihre Chefinnen gefragt. Das Buch schaut hin und urteilt, es bedient sich subjektiver Eindrücke und teilweise sicherlich auch Klischees. Aber es bleibt nicht an der Oberfläche, sondern geht tief in das Thema hinein.

Es gibt letztlich viel Positives zu berichten von den weiblichen Qualitäten, die im Beruf zum Tragen kommen – ganz besonders in Führungspositionen. Es sind Eigenschaften, die Frauen in vielen Momenten zu den besseren Männern machen. Und deshalb sollte es auch viel mehr Menschen geben, die sagen können:

»Mein Chef ist eine Frau!«

Berlin, im Oktober 2011
Juliane Gringer

»Es kommt nur auf die Kompetenz an«

Die verlässliche Partnerin

MATTHIAS ALGER (31),* Key-Account-Manager eines Automobilherstellers, Berlin, über seine Chefin

»Dieses Buch muss eigentlich nicht geschrieben werden«, sagt Matthias, als ich ihn in seiner Mittagspause in einem Restaurant im Herzen Berlins treffe. Er kann sich nicht erinnern, es je infrage gestellt zu haben, dass eine Frau eine fähige Führungskraft abgibt. Sein Chef ist weiblich. »Es kommt immer auf die Kompetenz an«, betont er mehrmals. Aber ist es wirklich so einfach?

* Name geändert

Kirsten ist schon zum zweiten Mal meine Chefin. Als ich nach dem Studium hier im Unternehmen angefangen habe, hat sie das Schwesterteam meiner damaligen Abteilung geleitet. Mein Chef ging dann weg und sie hat vorübergehend die Verantwortung übernommen – das war das erste Mal, dass ich sie als Chefin erlebt habe. Als ich dann in eine andere Abteilung gewechselt bin und in den Verkauf kam, folgte sie mir ein Dreivierteljahr später auch dorthin, als Abteilungsleiterin.

Für Kirsten wie für mich war der Wechsel in die neue Abteilung ein Wechsel aus der Zahlenwelt in die Verkaufswelt. Unser Aufgabengebiet kann man auf folgende Art zusammenfassen: Wir treffen strategische Entscheidungen. Man sagt auch: Controlling ist schwarz-weiß, Verkauf ist bunt. Während wir uns vorher mit den reinen Zahlen beschäftigt haben, sagen wir nun auch, was man daraus lesen kann. Und wir müssen strategische Entscheidungen in operatives Handeln übersetzen. Ich habe selten jemanden gesehen, der sich so schnell so tief in neue Prozesse einarbeiten kann wie Kirsten. Und in den ersten Monaten musste sie ja auch noch den vollen Terminkalender ihres Vorgängers übernehmen – sie war also anfangs sehr fremdbestimmt. Damit ist sie jedoch ganz gelassen umgegangen.

Die neue Stelle ist eine tolle Chance für mich und die Arbeit macht mir großen Spaß. Gleichzeitig war der Übergang natürlich auch eine große Herausforderung – für mich genauso wie für Kirsten. Sie hatte zudem nicht gerade lange Zeit, sich auf die neue Aufgabe vorzubereiten. Alles ging sehr schnell, sie wurde quasi ins kalte Wasser geworfen und musste von heute auf morgen eine andere Herangehensweise an ein Thema umsetzen und ein neues Team anführen. Aber sie hat das sehr gut gemeistert und kompetent und professionell umgesetzt. Sie hat auch eine sehr gute Sekretärin an der Seite, die ihr den Rücken freihält. Manchmal helfen ja ganz banale Sachen: Wenn ein Meeting arg überzogen wird, geht die Sekretärin schon mal hinein und weist dezent auf die Verspätung hin. Damit alles im Zeitplan bleibt und Kirsten die Chance hat, ihr Tagespensum zu schaffen. Und trotz aller Termine und neuer Aufgaben hat meine Chefin sich immer die Zeit genommen, für uns Mitarbeiter ansprechbar zu sein. Das ist bis heute so.

Ich bin sehr viel unterwegs. Ich bin als Key-Account-Manager im Vertrieb angestellt. Ungefähr die Hälfte des Monats bin ich draußen und besuche unsere Kunden. Im vergangenen Jahr bin ich 80.000 Kilometer gefahren. Ich betreue zwei große Regionen. Dazu gehören Hessen, Rheinland-Pfalz und das Saarland. Im Saarland bin ich aufgewachsen, da kenne ich mich gut aus und bin immer gern da. Obwohl ich also oft nicht im Berliner Büro bin, stehen Kirsten und ich in Kontakt, wenn es nötig ist. Es ist genau richtig so.

Kirsten arbeitet viel. Sie zieht sich dabei sicher ein größeres Pensum auf den Tisch, als sie müsste. Aber sie kann auch sehr gut delegieren, kann loslassen. Dabei versteht sie es sehr gut, Mitarbeiter zu führen. Dazu muss man tough sein. Das ist sie. Ein klares Ja fällt ihr genauso leicht wie ein klares Nein. Und sie ist angenehm und persönlich. Kirsten gibt jedem das Gefühl, dass er wichtig für die Firma ist und dass sie seine Arbeit schätzt. Ich habe noch nie zuvor so viel Vertrauen zu mir gespürt.

Ich hatte vorher schon gut mit ihr zusammengearbeitet und deshalb habe ich mich gefreut, als ich erfahren habe, dass sie zu uns ins Team wechselt. Ich habe ihr auch einiges zu verdanken. Sie hatte sich dafür stark gemacht, dass ich an meine jetzige Position komme. Obwohl sie damals selbst noch nicht in der Abteilung war und nicht davon profitiert hat, setzte sie sich für mich ein. Das würde nicht jeder tun.

Weil ich schon einige Zeit länger in unserer Abteilung gearbeitet hatte, als sie dazukam, konnte sie mich als Ansprechpartner nutzen. Vielleicht haben wir auch deshalb ein so gutes Verhältnis. Ich würde es nicht als freundschaftlich bezeichnen, aber ich habe sie zum Beispiel zu meinem dreißigsten Geburtstag eingeladen und sie kam auch tatsächlich auf die Feier. Bei anderen Kollegen hätte sie das vielleicht nicht gemacht. Die meisten hätten sie aber wahrscheinlich auch nicht eingeladen. Wir haben uns von Anfang an bestens verstanden. Man könnte sagen, wir sprechen die gleiche Sprache. Und das erleichtert natürlich vieles.

Was ich auffällig finde: Kirsten führt nicht hierarchisch. Sie setzt auf flache Hierarchien, hört sich an, was ihre Mitarbeiter zu sagen haben und vertraut dann deren Urteilen auch. Das ist für mich ihre wichtigste Eigenschaft in ihrer Rolle als Führungskraft. Wenn der Verkaufsleiter eines Autohauses bei ihr anruft, sie aber erfährt, dass er vorher schon mit mir über sein Anliegen gesprochen hat, dann sagt sie ihm: »Sprechen Sie ruhig weiterhin mit meinem Kollegen darüber, der kann das entscheiden.« Sie lässt also jedem seinen Arbeitsbereich und verteidigt das auch nach außen. Auch ihr persönlicher Umgang mit den Mitarbeitern zeugt immer von gegenseitiger Achtung und Wertschätzung. Sie gibt uns auch dann ein Feedback, wenn sie nicht danach gefragt wurde. Man könnte sie »Mutter der Kompanie« nennen. Sie hält das Team zusammen und kümmert sich um alle. Vielleicht ist das nicht wichtig, sie gibt einem damit aber auf jeden Fall ein besseres Gefühl.

Und: Sie duzt alle Mitarbeiter. Das kann auch Nachteile haben, aber ich finde es sehr angenehm. Und sie verliert ihre Autorität dabei nicht. Wobei Autorität für mich auch kein rein männliches Hoheitsgebiet ist. Es ist vielmehr eine Sache der Persönlichkeit. Kirsten versteht es, dominant aufzutreten. Man könnte es so beschreiben: Sie ist kernig, aber sie trägt so gut wie immer einen Rock.

Für mich unterscheiden sich männliche und weibliche Chefs grundsätzlich erst mal gar nicht. Frauen haben nur unbestritten ein besseres Gespür für Kommunikation und Information. Wobei mir auffällt, dass ich den Begriff »Eloquenz« komischerweise trotzdem mit Männern verbinde. Mir ist bewusst, dass Frauen eigentlich redegewandter sind. Aber Männer treten lauter auf, auch wenn sie nicht unbedingt mehr zu sagen haben. Da kommt oft nur heiße Luft, doch sie verkaufen sich besser, bleiben deshalb eher in Erinnerung. Klar, es gibt viele Männer in Chefpositionen, die es nicht verdient haben.

Ich bin überzeugt, dass eine Frau heute immer noch mehr leisten muss als ein Mann, um das gleiche Maß an Anerkennung zu bekommen. Das ist sicher unfair, aber so sind die Dinge eben. Da kann wohl nur jeder einzeln für sich hinterfragen, wie er mit dem Thema umgeht, welche Vorbehalte er hat und ob er die aus der Welt räumen will und kann. Wie gesagt, für mich sind weibliche Führungskräfte völlig selbstverständlich. Es ist etwas, das man heute nicht mehr infrage stellen muss. Es geht um Kompetenz – nicht mehr und nicht weniger.

Nun muss ich aber auch sagen, wenn ich entscheiden müsste und zwei Bewerber vor mir säßen: ein Mann und eine Frau, beide um die dreißig Jahre alt, gleich ausgebildet, beide mit derselben Qualifikation und beide wären mir gleich sympathisch ... Dann würde ich, ganz ehrlich, den Mann vorziehen, weil die Frau ziemlich wahrscheinlich bald auf Grund der Familienplanung ausfallen würde. Das sind dann rein wirtschaftliche Gründe.

Ich denke aber auch, dass längst nicht alle Frauen überhaupt in diesen Konflikt kommen. Frauen sind einfach immer noch deutlich weniger karriereorientiert als Männer. So erlebe ich es zumindest immer wieder in meinem persönlichen Bekanntenkreis. Wer eine Studienrichtung studiert, bei der klar ist, dass es dafür kaum Jobchancen gibt, ist ja wohl kaum besonders ehrgeizig, was eine steile Karriere angeht. Als ich BWL studiert habe, saßen aber mehr Frauen als Männer im Hörsaal. Vielleicht ändert sich auch bald etwas.

*

Matthias erlebt mit Kirsten eine kompetente Chefin – und weiß das zu schätzen, sagt er. Er sagt auch, dass es für ihn selbstverständlich sei, dass Frauen im Berufsleben gleichberechtigt sind. Aber dann ist ihm das »Risiko Frau« doch zu groß, als dass er eine einstellen würde, die im Verdacht steht, demnächst eine Familie zu gründen. Das finde ich heftig. Mir wird einmal mehr bewusst, wie tief dieses Vorurteil wirklich sitzt – auch bei Leuten, die im Beruf sonst kaum mehr über Geschlechterfragen nachdenken. Und schließlich gibt es in großen Unternehmen wie einem, in dem Matthias arbeitet, Arbeitszeitmodelle, in denen Frauen, die Kinder bekommen, kein wirtschaftliches Risiko darstellen, das man meiden muss. Ich frage mich, wie man das dem Einzelnen so vermitteln kann, dass er es wirklich verinnerlicht und auch »glaubt«. Menschen entscheiden, wer einen Job bekommt – nicht immer nur Männer! –, und die haben Vorbehalte gegenüber Frauen im sogenannten »gebärfähigen Alter«. Wie kann man dem begegnen?

»... als wenn sie Götter wären«

Die kommunikative Soziale

ULRIKE WIESE (43), Inhaberin von »estilo – Herrenmode und Stickerei«, Berlin

»Wollen Sie da schnell mal reinschlüpfen?«, fragt die Mitarbeiterin bei dem Herrenausstatter »estilo« einen Kunden ganz charmant und hält ihm den grünen Pullover so hin, dass er nur zugreifen muss. Der Mann ist mit seiner Ehefrau gekommen und man sieht ihm sofort an, dass er kein Interesse am Shoppen und keine Lust auf eine aufwendige Anprobe hat. Etwas Warmes für den Herbst muss her, das ist alles. »Schnell mal reinschlüpfen« ist da genau die richtige Formulierung. Männer kaufen anders als Frauen. Aber Frauen wissen offenbar, wie man Männer »anpacken« muss. Ich bin gespannt auf die Chefin dieses Ladens. Wie packt sie ihre Mitarbeiter an?

Für mich gibt es nur Entweder-oder – ich mache etwas richtig oder ich lasse es gleich sein. Das heißt auch: Wenn ich mir etwas in den Kopf setze, dann muss es auch so laufen, wie ich es mir vorgestellt habe. Selbstständig wollte ich mich schon immer machen. Ich habe Maßschneiderin gelernt und dann 1991 gleich mein erstes eigenes Geschäft eröffnet: ein Änderungsatelier mit einer Stickerei. Die Räume waren recht groß, also habe ich bald entschieden, dass ich dort auch Damensachen verkaufe. Inzwischen bin ich auf Herrenmode spezialisiert und führe seit zwölf Jahren einen Herrenausstatter in einer Ladenpassage in Berlin-Pankow.

Chefin sein und Mitarbeiter führen: Das wollte ich so nie, ich wollte es eigentlich ganz alleine machen. Aber dann habe ich die erste Mitarbeiterin eingestellt und einen Azubi und es hat sich so weiterentwickelt. Mein zweites Geschäft war knapp 200 Quadratmeter groß. Ich habe gemerkt: Einkauf, Buchhaltung, Verkauf – das schaffst du nicht alles alleine. Inzwischen habe ich vier fest angestellte Mitarbeiter: drei Frauen und einen Mann. Außerdem bilde ich seit Kurzem einen jungen Mann zum Einzelhandelskaufmann aus.

Frauen, die in eine Führungsposition wollen, kann ich sagen: Man sollte dafür geboren sein. Ich bin nicht die geborene Unternehmerin. Deshalb habe ich mich am Anfang sehr schwergetan. Für mich allein konnte ich alles gut regeln. Aber Personal zu führen, das war nicht einfach. Das muss man lernen. Und man lernt es nur in der Praxis. Jeder Mitarbeiter ist anders, ich lerne heute noch jeden Tag mit jedem dazu: Der eine braucht mehr Fürsorge, der andere gar keine. In dem Sinne habe ich als Chefin auch eine soziale Aufgabe. Ich meine, das ist noch wichtiger als das Gehalt.

Ein Unternehmen zu führen – wie fühlt sich das an? Auf jeden Fall bedeutet es sehr viel Arbeit, es ist wirklich anstrengend. Manchmal werde ich fast irre vor lauter Arbeit. Aber im Großen und Ganzen ist es sehr schön, ein tolles Gefühl. Es gibt natürlich immer harte Zeiten, zum Beispiel musste ich 200.000 D-Mark an Investitionen für die Ladenausstattung abzahlen. Das ist nun Geschichte und in den letzten Jahren ist auch alles gut gelaufen. Das macht mich ein Stück weit stolz.

Aber damals, mit den Schulden im Nacken, das waren schlimme Sorgen. Vor allem, weil es nicht nur mein Problem war, sondern weil meine Mitarbeiter und ihre Familien ebenfalls betroffen waren. Als Chefin habe ich eine Sorgfaltspflicht und die nehme ich sehr ernst. Manchmal vielleicht zu ernst: Meine größte Schwäche ist, dass ich zu sozial bin. Sicher ist das gleichzeitig auch eine Stärke, aber ich bin ja trotzdem noch Unternehmerin. Ich habe zum Beispiel gerade eine neue Mitarbeiterin eingestellt, die große private Probleme hat. Ich wollte ihr eine Chance geben. Aber dann war sie gleich ab dem zweiten Tag krankgeschrieben. Ein Mann wäre da als Chef definitiv härter, der würde ihr sofort kündigen. Vielleicht wäre eine andere Frau auch härter als ich in so einem Fall. Ich bin jedenfalls sehr zögerlich und will helfen und sie nicht im Stich lassen. Ich denke: Männer sind grundsätzlich konsequenter und schneller. Männer lassen sich nicht so lange so viel erzählen. Wir Frauen, wir verstehen immer noch eher, warum eine Mitarbeiterin so und so handelt: weil sie Familie hat, weil das Kind krank geworden ist, was auch immer … Ein Mann nimmt darauf in der Regel keine Rücksicht. Der sagt: »Du hast hier zu funktionieren.«

Meine verständnisvolle Art wird aber in der Regel auch nicht ausgenutzt. Ich will, dass meine Mitarbeiter wissen, dass sie mir vertrauen können. Ich finde es wichtig, dass man im Job auch über Probleme sprechen kann. Manchmal hilft das ja auch und es geht einem schon besser oder man ist sich danach darüber klar, wie man sich in einer bestimmten Sache entscheiden soll. Ich frage meine Kollegen oder Mitarbeiter auch bei vielen Dingen um Rat: Was würdet ihr machen? Wollen wir es so machen oder so? Ich erwarte, dass sie mich in meiner Arbeit unterstützen und mit mir zusammenarbeiten. Also versuche ich, mich auch ihnen gegenüber entsprechend zu verhalten. Zu den Orderterminen nehme ich zum Beispiel immer jemanden aus dem Laden mit. »Glaubst du, dass wir das Teil verkaufen?« Wenn eine Mitarbeiterin dann sagt: »Ja, auf jeden Fall«, ist das für mich eine Entscheidungshilfe.

Übers Geld reden wir aber auch. Ich finde es ganz wichtig, dass man da offen zu seinen Mitarbeitern ist – gerade in einem kleinen Unternehmen wie meinem. Wie sollen sie verstehen, dass die 30.000 Euro oder 40.000 Euro Umsatz im Monat nicht in meine Tasche wandern. Da muss ich erklären, dass das nicht mein Geld ist, sondern dass ich viele Kosten zu begleichen habe, nicht nur das Gehalt und die Miete. Und dass sie es mir nicht als Allüren auslegen, wenn ich einen Auftrag in Höhe von mehreren Tausend Euro an Land gezogen habe und jammere, dass es nur mehrere Tausend Euro sind. Das unternehmerische Denken, das ich haben muss, haben meine Mitarbeiter nicht und man kann es ihnen auch nicht vorwerfen. Ich glaube, die meisten Chefs machen das nicht und ihre Mitarbeiter können gar nicht verstehen, was im Unternehmen abläuft.

Wir setzen uns auch sonst wirklich im Team jeden Monat hin und schauen uns an, woran wir arbeiten müssen, aber auch, wer was gut gemacht hat und warum. Dass man mit seinen Mitarbeitern ganz offen spricht. Ich denke, dass es ihnen auch wichtig ist. Sonst arbeiten wir ja alle nur an unserem Schreibtisch stur vor uns hin.

Ich habe sehr genaue Vorstellungen davon, was einen guten Mitarbeiter ausmacht. Ich bin extrem enttäuscht, wenn jemand unpünktlich ist, und mir ist Ordnung sehr wichtig. Wir haben relativ wenig Platz im Laden. Wir haben nur wenige Möglichkeiten, dem Kunden etwas zu zeigen. Deshalb müssen die Flächen einfach ordentlich sein. Da bin ich hinterher. Ich habe gerade eine neue Kollegin eingearbeitet. Ich sage immer: »Wenn Sie etwas nicht verstanden haben oder unsicher sind, fragen Sie mich! Haben Sie keine Scheu, fragen Sie mich zehnmal, fragen Sie mich zwanzigmal das Gleiche. Ich erkläre es Ihnen gern auch noch das einundzwanzigste Mal.« Jeder hat irgendwo angefangen.

Ich glaube, ich führe meine Mitarbeiter sehr gut durchs Leben. Meine Azubis haben alle einen sehr guten Abschluss mit Eins oder Zwei gemacht. Und sie haben alle ihren Weg gefunden. Gerade habe ich einen jungen Mann in die Selbstständigkeit entlassen. Ich habe ihn sehr darin bestärkt, eine eigene Existenz aufzubauen. Es ist ja auch so: Man arbeitet nicht nur mit den Angestellten, man verbringt zwölf Stunden am Tag miteinander – man lebt ja eigentlich fast zusammen. Das Geschäft ist jeden Tag von 9:30 Uhr bis 20 Uhr geöffnet. Und so lange bin ich auch mindestens hier, auch an den Samstagen.

Ich arbeite sechzig bis siebzig Stunden die Woche. Seit zwanzig Jahren. Ich finde das aber nicht schlimm, weil ich es so gewohnt bin. Natürlich möchte man sich manchmal mit Freundinnen treffen und einfach mal einen Nachmittag im Café sitzen, aber es geht eben nicht. Die meisten meiner Freunde sind auch selbstständig oder in einer leitenden Position und sie kennen alle diese Probleme. Wir treffen uns dann am Samstagabend oder am Sonntag zum Brunch. Oder wir telefonieren. Ganz einfach ist das natürlich nicht, sich da täglich durch so ein enormes Arbeitspensum zu kämpfen. Ich bewundere andere, die dabei immer cool und entspannt bleiben. Das bin ich manchmal nicht. Dann habe ich schon mal meinen irren Arbeitsblick drauf.

Mein Mann arbeitet ähnlich viel wie ich. Wir kennen uns seit 23 Jahren, er hat die ganze Entwicklung meiner Firma miterlebt. Dadurch hat er auch ganz ganz viel Verständnis. Wenn ich ihn später kennengelernt hätte: Ich weiß nicht, ob er meine Entscheidungen dann immer verstehen würde. Zum Beispiel, wenn ich einen freien Tag canceln muss, weil jemand krank geworden ist. Das versteht er. Ich arbeite jeden Samstag. Uns bleibt immer nur der Sonntag. Das ist wahrscheinlich auch nicht immer einfach für ihn. Unser Familienleben kommt zu kurz. Wir haben keine

Kinder. Ich wollte immer mindestens zwei Kinder, aber leider ist dieser Wunsch nicht in Erfüllung gegangen. Wahrscheinlich lag es daran, dass ich zu viel gearbeitet, mir zu viel zugemutet habe. Das ist ein Punkt: Wenn ich die Zeit zurückdrehen könnte um zehn Jahre, dann würde ich das anders machen. Vielleicht würde ich sogar alles aufgeben für die Familie. Wir sind jetzt beide 43 und möchten Pflegekinder aufnehmen. Diese Entscheidung – Karriere oder Kind –, die müssen Männer nicht treffen. Sie kriegen Kinder oder vielleicht auch nicht und wenn, dann spielt für sie das Alter dabei so gut wie keine Rolle. Für uns Frauen ist das anders. Und wenn wir Kinder bekommen, dann ist die Frage, wie wir ihnen gerecht werden können, ob wir genug Zeit für sie haben.

Ich glaube, dass ich als Unternehmerin mit der Zeit viel Selbstvertrauen gewonnen habe. Ich kenne meine Stärken. Und wenn ich Hilfe brauche, suche ich mir Unterstützung. Ich habe mich einer sogenannten »Erfa-Gruppe« angeschlossen – einer Gruppe zum Erfahrungsaustausch, in der ich mich mit anderen Einzelhändlern austausche. Man wird ja in gewisser Weise auch betriebsblind, deshalb finde ich das sehr hilfreich. Die Mitglieder der Gruppe haben Läden in ganz Norddeutschland, es sind alles inhabergeführte Herrenfachgeschäfte, alle haben viele Mitarbeiter. Der Austausch geht so weit, dass wir jeden Monat unsere Umsätze durchgeben und Angaben darüber, wie viele Kunden wir jeweils hatten, wie viel jeder Kunde im Durchschnitt ausgegeben hat, wie viele Teile er gekauft hat und so weiter. Da kann man sich gut mit anderen messen. Wir haben einen Coach – einen Unternehmensberater – und wir treffen uns vier- bis fünfmal im Jahr, fahren jedes Mal zu einem anderen Mitglied der Gruppe und schauen uns den Laden an.

Ich bin sehr gut organisiert. Das geht auch gar nicht anders. Ich mache Pläne, was ich den Tag über mache, die Woche über und den ganzen Monat. Daran halte ich mich dann ganz strikt und arbeite alles Stück für Stück ab. Viele sagen, sie brauchen so etwas nicht oder solche Vorgaben setzen sie sogar unter Druck. Ich fühle mich aber viel besser, wenn alles durchgeplant ist. Sonst werde ich schnell unzufrieden, weil ich dann das Gefühl habe, nichts zu schaffen. Ich achte auch darauf, dass ich mich strikt an meinen Plan halte, mich nicht zwischendurch irgendwo in Gesprächen verstricke oder mich auf andere Weise ablenken lasse. Vielleicht ist das auch etwas, das Frauen eher machen müssen. Die Freundinnen von mir, die auch selbstständig sind, müssen alle mehr planen als die Männer.

Ich schreibe keine Listen, ich habe alles im Kopf. Zum Beispiel weiß ich jetzt schon, dass ich kommenden Montag gleich früh die Buchhaltung machen werde und danach schnell mit dem Staubsauger durch die eigene Wohnung gehen muss, bevor ich zur Arbeit gehe. Wenn ich etwas nicht erledige, dann bleibt es liegen und ich muss es am nächsten Tag machen. Ich würde mich auch lieber öfter mit einem Buch auf die Couch setzen. Aber das geht eben nicht. Auszeiten plane ich trotzdem ein. Ich hatte zum Beispiel diese Woche drei sehr anstrengende Tage. Dann nehme ich mir auch mal einen Vormittag frei. Das muss man machen, sonst ist man dem Burn-out ganz schnell sehr nah. Wir schlittern ja irgendwie alle immer gerade am Rande zum Ausgebranntsein entlang – egal in welcher Branche und als Chefin sowieso.

Man denkt immer über das Geschäft nach, auch nachts. Das ist einer der Nachteile. Ansonsten mache ich meinen Beruf sehr gern. Ich mag den Kontakt zu den Kunden und arbeite gern mit meinen Mitarbeitern zusammen. Konflikte haben wir zum Glück nur sehr selten im Team. Es kommt natürlich vor, dass jemand schnippisch wird oder rumzickt. Aber ich finde, das muss man jedem auch zugestehen, dass er mal einen schlechten Tag haben darf. Wenn das nur ab und zu vorkommt, sage ich nichts. Wenn es aber häufig vorkommt, dass ein Mitarbeiter schlechte Stimmung verbreitet, nehme ich mir denjenigen oder diejenige natürlich vor. Dann führe ich ein Gespräch unter vier Augen. Das war gerade bei einer Kollegin der Fall. Sie wirkte über längere Zeit sehr angespannt und war immer schnell eingeschnappt, während sie selbst aber gut austeilen konnte. Ich habe sie gefragt, ob ich sie vielleicht überfordere und ihr zu viele Aufgaben übertrage. Sie hat sich hingesetzt, darüber nachgedacht und festgestellt, dass sie wirklich unzufrieden ist und sich deshalb beruflich verändern möchte. Das unterstütze ich dann auch und lege ihr keine Steine in den Weg.

In gewisser Weise habe ich als Chefin natürlich Macht, aber ich übe sie meinen Mitarbeitern gegenüber nicht aus. Ich würde das niemals ausspielen, nach dem Motto: Ich bin diejenige, die euch das Geld überweist. Vielleicht wäre das mit anderen Mitarbeitern anders. Ich werde von meinen Mitarbeitern als Chefin voll akzeptiert und da wir ein gemischtes Team sind, reißen sich die Frauen sicherlich auch mehr zusammen. Wenn man nur unter Frauen ist, geht es vielleicht manchmal ein bisschen zickiger zu. Denke ich mir jedenfalls. Aber nur Männer untereinander, das ist auch nicht gerade einfach.

Ich glaube nicht, dass Männer besser sind als Frauen, sie sind anders. Wir Frauen sind persönlicher und haben mehr Einfühlungsvermögen. Das bedeutet nicht, dass wir dadurch lascher sind. Wir sind genauso streng und ziehen unsere Dinge durch, aber Männer sind oft nicht diplomatisch genug. Sie hauen auf den Tisch und tun sich hervor, als ob sie Götter wären. Ich weiß nicht, ob sie deswegen schlechter sind. Sie sind bloß anders und ich würde es einfach als nicht so harmonisch empfinden. Frauen sind harmoniebedürftiger als Männer.

Ich treffe die Entscheidungen und kann mir meine Zeit selbst einteilen. Was die Entscheidungen betrifft: Kleine Sachen kann ich delegieren, aber große Entscheidungen muss ich selbst treffen. Die machen mir manchmal auch ein Stück weit Angst, aber man kann sich gut einarbeiten. Was die Zeiteinteilung angeht: Klar, ich habe ja schon gesagt, dass ich am Ende ständig in der Firma bin. Drei Wochen Urlaub kenne ich auch nicht. Zwei Wochen sind das

Maximum. Die müssen aber auch sein, denn ansonsten hält man irgendwann nicht mehr durch. Das ist spürbar: Dann werden die Arbeitsschritte immer länger und das, was man am Tag schafft, wird immer weniger. Also man muss wirklich Ruhepausen einplanen. Das ist auch etwas, was ich als Chefin selbst organisieren muss. Bei meinen Mitarbeitern, da achte ich schon drauf, dass sie im Sommer wirklich drei Wochen am Stück frei machen, damit sie sich erholen können. Aber ich kenne das für mich nicht. Man nimmt die Arbeitszeit als Chefin jedoch anders wahr. Letztlich ist es ja sozusagen auch Freizeit, wenn ich hier im Laden bin. Es ist mein eigenes Ding.

Manchmal habe ich meinen Mitarbeitern gesagt: »Leute, ihr würdet euch umgucken, wenn ihr woanders arbeiten würdet.« Wenn Lehrlinge weggegangen sind und wir uns später wiedertreffen oder telefonieren, sagen sie meist: »Ich erinnere mich so oft an Ihren Satz und ich verstehe jetzt erst, was Sie meinen.« Und dann denke ich: Ja, ich habe es richtig gemacht. Manchmal höre ich eine Mitarbeiterin einem Kunden gegenüber sagen: »Meine Chefin, auf die lasse ich nichts kommen.« Das tut natürlich gut, das zu hören.

*

Wie die meisten Chefinnen, die ich interviewt habe, spricht Ulrike Wiese konzentriert und ruhig – nicht schüchtern, aber eben auch nicht unangenehm laut. Sie ist ein überlegter, scharfsinniger Mensch. Sie macht sich viele Gedanken – über sich, ihre Mitmenschen, das Miteinander und wie man die Dinge regeln muss, damit es allen möglichst gut geht. Das Grübeln mindert aber ihre Tatkraft nicht. Ich finde es sehr angenehm, sich mit solchen Menschen zu unterhalten. Weil sie Raum lassen für eigene Überlegungen – und für eine echte Diskussion. Sie überrennen einen nicht mit ihren Meinungen und Argumenten und ihrer Ich-weißschon-alles-Haltung, sondern sie inspirieren sogar und geben neue Impulse. Bei diesem Gespräch war für mich so ein Impuls die ERFA-Gruppe, in der sich Frau Wiese mit anderen austauscht, die im Job in der gleichen Situation sind wie sie. Ich selbst war bisher eher zurückhaltend, wenn ich mich mit anderen freien Journalisten über Aufträge und Honorare ausgetauscht habe. Vielleicht, denke ich jetzt, sollte ich mit Kollegen offener über vermeintliche »Interna« reden – weil alle davon profitieren und ich eventuell genau dort Unterstützung bekommen würde, wo ich gar nicht damit rechne.

»Es ist ein nettes Accessoire«

Die scheue Überforderte

DIRK RAUCH (47),* Angestellter einer Behörde, Frankfurt/Main über seine Chefin

It's a Man's World: Der 47-jährige Dirk aus Frankfurt muss in seinem Beruf vor allem Muskelkraft beweisen. Er schleppt täglich mehrere Zentner Akten von Büro zu Büro. Diese schwere körperliche Arbeit ist nicht unbedingt Frauensache. Tatsächlich hat Dirk durchweg männliche Kollegen. Ihnen stellt sich eine 28-jährige Chefin entgegen. Und während Dirk mit ihrer Vorgängerin eher schlechte Erfahrungen gemacht hat, besteht seine jetzige Vorgesetzte gegenüber der Männerriege wohl sehr gut.

*   Name geändert

ch arbeite als Angestellter bei einer Behörde, mit 150 Kollegen – alles Männer. Nur mein Chef ist eine Frau. Ich transportiere Akten zwischen den Häusern und den einzelnen Abteilungen meines Arbeitgebers. Wir sind im Durchschnitt 45 Jahre alt, meine Chefin ist 28. Sie ist erst seit etwa einem halben Jahr bei uns. Und sie ist ganz in Ordnung, sie hat sich sehr schnell sehr gut eingearbeitet. Aber ich sag es mal so: Sie ist Quereinsteigerin. Sie kennt diesen Beruf nicht – wie wir alle – von der Pike auf. Für sie wird diese Stelle nur ein Schritt auf der Karriereleiter sein. Ich weiß nicht, was sie beruflich vorhat, aber im inneren Dienst muss man wohl auch mal Personalleitung gemacht haben.

Sie ist nicht auf sich allein gestellt: Ein Chefzimmer wird immer von zwei Leuten geführt. Sie arbeitet gemeinsam mit einem Kollegen im Team – und der kommt vom Fach. Früher war das bei uns so, dass auf die Führungspositionen in den Chefzimmern immer ein Angestellter kam: ein Kollege aus unseren Reihen, der positiv aufgefallen war, weil er Eigenschaften hatte, die ihn dazu qualifizierten, Personal zu führen. Den kannten wir dann schon alle, das war einer von uns. Der wusste über die Macken der Kollegen Bescheid und teilweise auch über die privaten Probleme. Wenn jetzt Quereinsteiger kommen, ist das für uns schon blöd. Die wissen oft einfach nicht, was Sache ist. Das haben wir auch schon mit Männern erlebt – die haben teilweise nach 14 Tagen schon ihren Dienst quittiert. Hinter dem Rücken der Chefin wird fleißig über sie geredet. Die Kollegen lästern, dass sie wenig von der eigentlichen Arbeit versteht, die unsereins macht. Da wird dann gesagt: »Ja, weißt du noch, der und der – der kam von uns, ja der wusste, wovon er geredet hat.«

Aus unseren Reihen würde aber auch keiner mehr den Job machen wollen. Personalführung jeder Art ist ja immer ein bisschen Drecksarbeit, finde ich. Man muss sich mit so vielen unterschiedlichen Charakteren auseinandersetzen und immer wieder klarmachen, wer den Taktstock in der Hand hat – das wäre nichts für mich. Ich denke, meine Kollegen sehen das ähnlich. Die meisten sind zufrieden mit dem, was sie haben. Sie wollen einfach nur ihre acht Stunden abreißen, dann nach Hause und sich auf die Couch legen. Ich kenne keinen, der in dieses Chefzimmer rein will.

Nun wird das auch schon länger nicht mehr so gemacht, dass ehemalige Kollegen aufrücken. Und es kann ja auch ein Vorteil sein, dass Quereinsteiger kommen. Wenn ein Kollege Chef wird, wechselt man zum Beispiel nicht plötzlich vom Du zum Sie. Aber hat man beim Du genug Respekt? Und der ehemalige Kollege hat dann ja auch Verantwortung – zum Beispiel in Sachen Alkoholkonsum. Früher hat man vielleicht noch mitgetrunken und das geht dann plötzlich nicht mehr.

Die »fremden« Mitarbeiter bleiben auch oft nicht lange. Früher hatte man acht, zehn oder mal 15 Jahre einen Chef. In den letzten fünf, sechs Jahren hier habe ich jetzt einige erlebt: Die kamen aus dem Nichts und haben sich dann irgendwann, ohne sich großartig zu verabschieden, ins nächste Dezernat weiterbewegt.

Die Vorgesetzten waren früher auch immer älter. Es gibt aber seit Jahren einen Einstellungsstopp bei uns Angestellten. Deshalb wächst der Altersdurchschnitt der Mitarbeiter. Wir werden eben immer älter und wenn man dann plötzlich mal einen jüngeren Vorgesetzten bekommt, fällt das auf. Dass meine Chefin so jung ist, das macht mir an sich überhaupt nichts aus, auch das Geschlecht nicht. Es ist halt für uns nur immer ungewohnt, wenn Frauen in die Chefpositionen kommen. Denn der Job ist nun mal in einer reinen Männerdomäne.

Ich bin erst seit Kurzem an den neuen Standort gewechselt, an dem ich jetzt arbeite. Der ist ganz nah am Büro meiner Chefin, ich sehe sie also täglich. Für uns Angestellte stehen immer bestimmte Abläufe auf dem Plan, die sind vorher festgelegt. Dann kann aber jederzeit außer der Reihe noch etwas dazukommen. Meine Vorgesetzte bekommt in so einem Fall einen Anruf und gibt uns die Order, zum Beispiel soundso viele Waren zu adressieren und zusätzlich hin und her zu schicken. Wir arbeiten zu viert an einer Rampe. Die Akten kommen auf Lkw herangefahren. Der Job ist geistig wenig anspruchsvoll. Man muss ja nicht mal in die Akte reingucken, sondern nur vorn auf die Adresse und dann dementsprechend sortieren, transportieren, abtragen und wieder beliefern. Dafür ist der Job körperlich sehr anstrengend. Die Akten werden uns an der Rampe in Wagen geliefert, die wiegen jeweils bis zu einer halben Tonne. Die haben natürlich Rollen, aber so ein Gewicht muss man erst mal in Bewegung bringen: Ziehen, Schieben, Drehen – das geht vor allem auf die Arme und Schultern. Dann tragen wir Körbe, die sind etwa 40 Kilo schwer. Eigentlich sollte man da immer zu zweit anfassen ... Theoretisch könnte das natürlich auch alles eine Frau machen. Ich weiß nicht, warum bisher noch keine Frauen dafür eingesetzt wurden. Ich weiß auch nicht, ob es Stahlschmelzerinnen gibt oder Frauen, die im Straßenbau arbeiten. Keine Ahnung.

Hauptsächlich muss meine Chefin nur Aufträge an uns weitergeben. Aber vor Kurzem gab es zum Beispiel mal einen Konflikt, da musste sie sich behaupten: Ein Kollege hat uns verlassen, er wurde auf eigenen Wunsch versetzt in ein anderes Haus, weil dadurch sein Weg zur Arbeit für ihn viel günstiger wurde. Dieses Loch, das er aufgerissen hat, wurde von einem neuen Kollegen besetzt. Das ist allerdings einer, der einen sehr schlechten Ruf hat. Er ist schon durch viele Häuser gegangen. Ihm fehlt einfach der Teamgeist. Nun wurde also bekannt gegeben, dass er zu uns kommen sollte, und da gab es mächtig Unruhe. Meine Chefin musste in diesem Moment sachlich bleiben. Es war ja auch klar: Sie hat das mitentschieden. Ich finde, sie hat sich da sehr gut geschlagen. Ihre Formulierungen und die Argumentation gegenüber den negativen Stimmen – das hat sie einwandfrei gemacht. Da hat man auch gemerkt, dass die Leute geschult werden, bevor man sie auf uns loslässt oder sie eben in so eine Position kommen.

Ich fand das auch ungerecht von den Kollegen, dass sie den neuen Kollegen gleich abgelehnt haben aufgrund seines Rufes. In gewisser Weise kann ich es nachvollziehen, aber es sind Vorurteile. Ja, die haben immer einen wahren Kern, aber ich halte es für falsch, ihn von vornherein abzulehnen. Meiner Meinung nach ist das eine Personalie, die haben nur die Vorgesetzten zu vertreten und es ist an uns, den Kollegen anzunehmen, einzuweisen und wenn es dann Probleme gibt, können wir uns immer noch beschweren. Aber ich denke, da ist es für eine Frau auch nicht einfach, sich vor den fünfzig Männern, die in so einer Versammlung vor ihr sitzen, zu behaupten. Das hat sie in diesem Fall wirklich gut gemacht.

Mit der jetzigen Chefin mache ich also eher gute Erfahrungen. Ihre Vorgängerin aber, mit der lief es gar nicht gut. Sie ist gerade im Schwangerschaftsurlaub – mal sehen, ob sie überhaupt noch wiederkommt. Ich habe meistens nur mit ihr telefoniert. Aber das war anstrengend: Sie sprach immer sehr leise. Man musste immer wieder nachfragen. Das macht meine jetzige Chefin auch – beide Frauen sind manchmal am Telefon kaum zu verstehen und das entspricht meiner Meinung nach und auch nach der Meinung mehrerer Kollegen nicht dem Auftreten einer Vorgesetzten. Das ist, als ob man da so ein kleines Mädchen am Telefon hat, das seinen Vater sprechen will. Die frühere Chefin hat jedenfalls definitiv ein Problem mit ihrem Selbstbewusstsein. Sie spricht unsicher, liest viel ab, hat wenig Blickkontakt zur Gruppe. Die Kollegen machen es auch noch schlimmer: Sie provozieren sie, indem sie zum Beispiel eine Anordnung einfach wiederholen – ohne Sinn. Bei fast allem, was sie in einer Sitzung sagt, schaut sie rüber zum Sachgebietsleiter, um sich zu vergewissern, dass sie keinen Fehler macht. Am Telefon, im Zwei-Ohren-Gespräch, sagt sie auch immer so etwas wie »Da muss ich mich noch mal erkundigen« oder »Da mache ich mich noch mal schlau – das bleibt aber unter uns!«. Sie spricht leise, formuliert ihre Anliegen nicht gut und argumentiert schlecht. Bei jeder Gegenfrage kommt sie ins Stottern. Wir alle halten sie für eine Fehlbesetzung auf diesem Posten. Ich glaube, sie hat ihre Stelle nur durch Beziehungen bekommen. Und sie fühlt sich selbst sichtlich unwohl damit.

Sie kann auch überhaupt nicht frei sprechen und Ansprachen vor uns liegen ihr deshalb gar nicht. Einmal sollte sie uns über Unfallverhütung aufklären. Da war ein Rundschreiben dazu gekommen, es ging um einen Hubwagen, mit dem man Holzpaletten anhebt. Ich meine, wir sind alles gestandene Männer, kommen aus dem Handwerk, haben jederzeit mit Lasten zu tun und nutzen den Hubwagen tagtäglich. Und dann kommt diese Frau und will uns erklären, wie man ihn bedient, ihn richtig abstellt und so weiter. Natürlich ist das Vorschrift und muss der Form halber sein. Es ist auch gut, dass es gemacht wird. Aber ihre Art ist einfach nicht passend: Das kommt alles nicht überzeugend rüber bei ihr. Und als ich noch eine Frage dazu hatte, konnte sie mir auch nicht richtig sachbezogen antworten. Sie war so unglaubwürdig, wie sie da vor uns aufgetreten ist. Sie arbeitet ja nun auch schon länger bei uns. Trotzdem hat sich an ihrer Unsicherheit nichts geändert. Da wäre es wahrscheinlich auch egal, ob ihr eine Gruppe von Frauen gegenübersteht, da wäre sie genauso. Ich an ihrer Stelle würde mir das deshalb gar nicht antun.

Unsere jetzige Chefin tritt wesentlich selbstbewusster auf. Aber sie ist nicht herrisch dabei. Sie weiß einfach, was sie macht und wovon sie redet. Da gibt es keine Probleme. Wenn wir Männer in der Kantine zusammen essen, wird natürlich trotzdem über sie geredet. Anfangs hieß es da, dass Frauen in unserem Bereich nicht auf die Chefposten kommen sollten, dass das eine Männerdomäne sei, die schlechter von Frauen geführt werden kann. Das höre ich jetzt viel seltener. Wir sind ja nun auch dran gewöhnt. Wenn dann mal irgendwas Konkretes anliegt, wird darüber getratscht – sonst ist es kaum noch ein Thema.

Aber wir sind Männer: Natürlich reden wir auch über ihr Äußeres. Sie ist ein bisschen kleiner, ungefähr einen Meter siebzig groß, und sie ist sehr gut gebaut. Sie trägt auch häufig recht enge Oberteile. Das hat einfach Wirkung. Sie ist attraktiv und das ist ja kein Nachteil, für niemanden. Für mich ist die Kompetenz immer noch am wichtigsten. Aber wenn sie attraktiv wirkt, ist das ein Bonus. Ein Bonbon – was fürs Auge, mein Gott. Dann kann die auch noch bleiben, von mir aus. Und Gucken kostet ja nichts.

Wenn unsere Chefin – oder überhaupt eine Frau – in der Nähe ist, benehmen die Kollegen sich auf jeden Fall anders, als wenn wir Kollegen unter uns sind. Ich weiß nicht genau, ob das nur an ihrem Rang liegt oder auch an dem Geschlecht, aber ich nehme schon an, dass die sich eher zusammennehmen, weil sie eine Frau ist. Wenn sie auftaucht, um uns eine Mitteilung zu machen, zum Beispiel, dann schwirren da auf einmal gleich mehrere Männer rum – wie die Motten ins Licht. Man stellt sich dazu, hat vielleicht was beizutragen. Plötzlich sind sie alle da. Und sie benehmen sich anständig. Dann wird darauf geachtet, was man sagt. Und es wird nicht mehr gerülpst.

Hinter ihrem Rücken wird auch schon mal recht derb geredet. Da werden Fantasien ausgesprochen, nach dem Motto »Da willst du auch mal gern ran, wie?« oder »Ist sie im Bett wohl für eine ›härtere Gangart‹ oder doch eher Typ ›Blümchensex‹?« Ich bin es gewohnt, dass viele meiner Kollegen sehr vulgär sind. Manche sind recht einfach gestrickt. An solchen Wortspielereien beteilige ich mich nicht, aber ich schmunzele auch gern mal mit. Und ich beobachte dieses Wechselspiel: Einerseits lässt man den Macho raushängen und dann ist man der Frau gegenüber total höflich und stellt sich dazu, um sich lieb Kind zu machen und freundlich zu sein. Damit bringt die Chefin die Herren auch wieder ein bisschen in den Rahmen, das ist doch gut. Und es zeigt auch, dass eine Frau als Chefin halt doch noch was Besonderes ist: Das fällt auf.

Ich habe auch schon weibliche Vorgesetzte gehabt, da sage ich: Respekt, die hat es wirklich gut gemacht! Da findet man es dann auch schade, wenn sie wieder geht. Insgesamt kann ich nicht sagen, dass ich Frauen als Chefinnen nicht gut finde. Wenn eine neue Frau auf den Chefposten kommen sollte, lasse ich das auf mich zukommen. Da kommt eben jedes Mal was anderes bei raus. Pauschal kann ich das nicht abwerten. Ich hatte zum Beispiel auch mal eine Chefin, die war richtig gut. Nur vier Jahre jünger als ich, sympathisch und die kannte alle Abläufe gut, die Verknüpfungen der verschiedenen Services – die wusste intern gut Bescheid und kannte auch die Kollegen. Sie war kollegial und fair.

Für unsere tägliche Arbeit ist doch wichtig: Wenn es Probleme gibt, dann gehen wir halt zu dem Vorgesetzten oder zu der Vorgesetzten und berichten dort davon. Wenn sie mit der Sache umgehen kann, dann kann sie meinetwegen auch eine Frau sein.

Ich denke, dass Frauen im Beruf für gewisse Dinge sensibler sind. Vielleicht haben sie eine bessere Menschenkenntnis. Sie kommunizieren nicht kumpelhaft, das nicht. Aber sie haben ein gutes Einfühlungsvermögen. Und eine Frau bringt auch Abwechslung. Von einer Frauenquote halte ich aber nicht viel. Es heißt zwar »bei gleicher Eignung«, aber wenn Frauen nur wegen einer Quote eingestellt oder deshalb bevorzugt werden, ist das doch schlecht. Meine frühere Chefin, bei der könnte ich mir auch vorstellen, dass es da eine Rolle gespielt hat, dass man den Posten gern weiblich besetzen wollte. Das Geschlecht allein darf aber doch kein Kriterium sein. Ich finde auch, da will wieder jemand mit Gewalt an einer Schraube drehen. Das ist wie mit dem Thema Familie: Plötzlich soll nur die Frau arbeiten gehen und der Mann bleibt zu Hause, um die Kinder zu schaukeln. Die Medien drehen da immer gern am Gesellschaftsbild. Aber so absolut ist das doch Quatsch.

Für mich muss ein guter Chef – oder eben eine gute Chefin – umsichtig sein, er oder sie muss für die Personalführung geeignet sein und ausreichend Sachkenntnis besitzen. Wenn ich wählen müsste, würde ich mich sogar für eine Frau als Chef entscheiden. Einfach als Gegenpol zu uns Männern. Ich kenne das von meiner Schwester, die hat mehrere Jahre mit sechs anderen Frauen in einem Großraumbüro gesessen. Da wurde viel rumgegiftet, es war schwierig. Sie hätte sich gewünscht, dass wenigstens ein männlicher Kollege zum Team dazugekommen wäre. Und ich sehe das hier auch: Es sorgt für Ausgleich. Ich finde das ganz bunt, es ist ein nettes Accessoire.

*

Die schüchterne Chefin, von der Dirk erzählt hat, kann man wohl verbuchen unter: Was schiefgehen muss, geht schief. Da wären wir bei der Tatsache, dass natürlich nicht jede qualifizierte Frau automatisch eine gute Chefin ist ... Aber ich stelle es mir auch sehr schwer vor, so einer geballten Masse Testosteron gegenüberzustehen. Da braucht man ordentlich Schneid. Ich denke, der Chefin wird auch nicht ganz verborgen bleiben, was da hinter ihrem Rücken passiert, welche Sprüche gemacht werden und wie die Männer ab und zu ihre Manieren vergessen. Was ich dabei aber wirklich gut finde: dass eine Frau als Vorgesetzte offenbar allein schon durch ihre Anwesenheit Veränderungen bewirken kann. Eine Autorität qua Geschlecht. Das ist nicht viel. Aber es zeigt, dass sich etwas verändert, wenn Frauen in männerdominierte Branchen vordringen. Und dass diese Prozesse dann ganz von selbst in Gang kommen. Ich denke sogar so weit, dass diese Männer vielleicht auch im privaten Bereich achtsamer werden. Deshalb: mehr davon!

»Sie ist meine beste Chefin bisher«

Die schnelle Direkte

CHRISTIANE MAYER (30),* Abteilungsleiterin des Controllings bei einem Automobilzulieferer, Stuttgart, über ihre Chefin

Christiane ist eine Freundin von mir, ich treffe sie in einem Café in der Stuttgarter Innenstadt. Sie ist der Typ »lässige junge Karrierefrau«: schlank, sportlich und locker, aber schick gekleidet. Sie erzählt von ihrem neuen Job – und blüht dabei richtig auf. Früher war sie nie ganz zufrieden mit den Stellen, die sie hatte. Ihr hatte es immer gefehlt, richtig gefordert zu werden, sich beweisen zu können und Neues zu lernen. Doch einen Job, in dem sie sich wohlfühlt, hat sie jetzt offenbar gefunden – mit einer Chefin, die echte Führungsqualitäten beweist.

* Name geändert

Ich bin seit Kurzem im Controlling eines großen Unternehmens in Stuttgart angestellt. Ich mache den Job erst seit einigen Monaten, kenne meine Chefin also auch erst seit kurzer Zeit. Aber sie ist – ganz ehrlich – die beste Chefin, die ich bisher hatte.

Alexandra ist Mitte dreißig, sie arbeitet seit etwa dreieinhalb Jahren hier. Sie hat im vergangenen Jahr ein Kind bekommen, ist gerade erst aus der Elternzeit zurück. Sie hat nun einen kleinen Sohn, ist wieder in den Job eingestiegen – und obwohl das für sie wahrscheinlich keine ganz einfache Situation ist, ist sie immer total entspannt, lässig und gut gelaunt. Sie zeigt nie, wenn sie Stress hat. Alexandra ist aber auch sehr strukturiert und klar in ihrem Denken und Handeln. Sie beschäftigt sich tiefgehend und gründlich mit ihren Themen. Und hat dann immer alles im Kopf, hat ihr Wissen sofort parat und kann es gut auf andere Situationen übertragen. Eine meiner ehemaligen Chefinnen konnte das auch sehr gut. Nur leider war sie schlecht organisiert, deswegen ist der Effekt so gut wie verpufft.

Alexandra gibt mir zu meinen Aufgaben viel konstruktiven Input. Ich bin ehrlich fasziniert, wie schnell sie Ideen und Lösungen entwickeln kann. Unsere Abteilung muss zum Beispiel alle drei Monate einen Report für den Vorstand schreiben. Der wurde jetzt umstrukturiert. Als das diskutiert wurde, hatte sie sofort konkrete Vorschläge dazu. Und sie kann ihre Ideen zu einem Thema nicht nur schnell auf den Tisch bringen, sondern auch noch sehr klar formulieren. Neue Projekte treibt sie mit viel Engagement voran. Und zwar ohne dass groß gequatscht wird. Sie macht einfach.

Ich habe, bevor ich in meiner jetzigen Position war, schon lange nach einem neuen Job gesucht, der eine größere Herausforderung bot. Ich wollte lieber strategisch arbeiten statt, wie bisher, operativ. Ich war vorher in einer Personalabteilung, das hat Spaß gemacht, aber ich wollte etwas anderes. Gleichzeitig sollte es international bleiben. Ich spreche sehr gut spanisch, habe in Spanien ein Praktikum gemacht und liebe das Land und die Sprache.

Ich hatte insgesamt drei Vorstellungsgespräche hier im Unternehmen, eins davon mit meiner jetzigen Chefin. Es ging bei diesem Termin vor allem darum, dass wir uns kennenlernen. Sie kam rein, ganz locker: Sie trug Jeans und wirkte sehr entspannt. Da war keine Wichtigtuerei. Das fand ich cool. Zu der Zeit war sie noch in Elternzeit und war extra für unseren Termin in die Firma gekommen. Trotzdem war sie entspannt und das schlug auf mich als Bewerber natürlich über. Wir hatten ein wirklich gutes Gespräch auf Augenhöhe, ich habe mich sehr wohl gefühlt. Wir haben uns auch gleich geduzt, was aber im Controlling bei uns üblich ist.

Es waren die klassischen Fragen eines Vorstellungsgesprächs. Sie wollte herausfinden, ob ich schon konzeptionell gearbeitet habe und wie ich ticke. Und sie wollte unter anderem auch wissen, was ich von ihr als Chefin erwarte. Daraufhin habe ich erklärt, dass ich eine Führungskraft brauche, die hinter mir steht und mich fördert. Die meine Leistung anerkennt und zu würdigen weiß. Und zwar nicht monetär, sondern indem sie mich zum Beispiel selbstständig arbeiten lässt. Klare Worte, aber das war für sie überhaupt kein Problem. Sie hat mir all das zugesagt. Und so hat es sich bis jetzt auch in der Praxis gezeigt: Sie lässt mir freie Hand. Dabei erwartet sie aber auch Leistung. Sie will nicht nur fördern, dass ihre Mitarbeiter selbstständig arbeiten – nein, sie fordert es sogar.

Alexandra ist sehr direkt, sehr geradeaus und sie ist schnell. Ich bin das auch. Sie denkt schnell und genauso schnell setzt sie Ideen auch um. Als ich aus dem Gespräch rauskam, dachte ich noch: Das ist gut, könnte aber auch zum Problem werden. Inzwischen hat sich gezeigt, dass es super funktioniert. Ich mag, wie sie Zusammenhänge rasch, aber auch ganz exakt erkennt. Ich habe noch nie jemanden kennengelernt, der Dinge so schnell zusammenbringt.

Ich hatte bisher auch keinen Chef, der so gut organisiert war wie sie. Die Männer, die ich in der Vergangenheit als Vorgesetzte kennengelernt habe, brauchten immer jemanden, der sie steuert.

Das höre ich auch sonst meist von Leuten, die Männer als Chefs haben – dass sie eben doch eine starke Frau im Hintergrund brauchen. Ob das nun eine Sekretärin ist, eine Assistentin oder jemand anders.

Einer meiner Ex-Chefs war inhaltlich sehr stark und ein ziemlich pfiffiger Typ. Aber er war auch immer an eine Assistentin oder Sachbearbeiterin gewöhnt, der er dann sehr weitreichende Aufgaben übertragen hat: Als seine Mitarbeiterin habe ich seine Termine gemacht, sollte ihm wichtige Mails hinlegen und ihn an alles Mögliche erinnern. Er brauchte immer jemanden, der ihn sozusagen in die Seite haut und sagt: »Hey, vergiss das und das nicht!« Er war um die sechzig Jahre alt, das mag alles »alte Schule« gewesen sein, aber gleichzeitig war es sicher auch ein gutes Stück »typisch Mann«.

Mein nächster Chef war erst Mitte vierzig und brauchte fast noch mehr Unterstützung. Der hatte nicht nur organisatorisch, sondern auch inhaltlich reichlich Defizite. Bei ihm war ich so was wie die heimliche Chefin: Ich habe meinem Vorgesetzten gesagt, was er machen soll. Sein Plus war nur, dass er sehr geduldig war: In politischen Dingen, zum Beispiel im Umgang mit Tochtergesellschaften, war er daher viel stärker als ich.

Dann hatte ich eine Chefin, die menschlich eine echte Katastrophe war. Damals kam gerade der Film *Der Teufel trägt Prada* in die Kinos und als ich ihn gesehen habe, kam es mir vor, als wäre der bei uns im Büro gedreht worden. Sie war in dem einen Moment total nett und dann wieder extrem mies. Eine Kollegin und ich saßen in ihrem Vorzimmer, sie als Assistentin und ich als Sachberaterin. Diese Chefin hat meine Kollegin regelmäßig zum Heulen gebracht, die Kollegin hatte auf dem Weg zur Arbeit Bauchschmerzen und war ihretwegen nervlich oft richtig fertig.

Diese Chefin war extrem schlecht organisiert und hat ihrer Mitarbeiterin für alles Mögliche immer indirekt die Schuld in die Schuhe geschoben: »Wo ist das und das wieder?« Oder: »Bringen

Sie mir sofort dies und jenes!« Oder sie hat sie fertiggemacht, weil sie etwas nicht wusste. Einmal hat Miss Chaos eine Akte gesucht, die sonst immer in einem bestimmten Fach in ihrem Schreibtisch lag. Wir haben zu zweit gemeinsam ihr Büro aus-einandergenommen, weil wir wussten, welches Donnerwetter drohen würde, wenn wir sie nicht finden. Am Ende kam raus, dass die Akte hinter die Schublade gerutscht war, weil die Chefin alles so zugemüllt hatte.

Entschuldigt hat sie sich nie für ihre Ausbrüche. Stattdessen kam sie höchstens mal zu mir, wenn meine Kollegin gerade heulend aufs Klo gerannt war, und sagte dann: »Muntern Sie sie wieder auf.« Oder sie hat ihr Schokolade gekauft. Wir beide, meine Kollegin und ich, mussten ihr auch oft Espresso bringen – der musste dann immer exakt so zubereitet sein, wie sie ihn mochte. Klar, kann man mal Kaffee kochen für den Chef. Aber eigentlich sollte man das heute gar nicht mehr machen, dass man seine Assistenten an die Maschine schickt. Diese Frau war zum Glück nicht mehr lange im Dienst. Dreist war: Sie hat uns kurz nach ihrem Abgang noch mal zu sich nach Hause eingeladen. Das hat sie vorher nie gemacht und es war klar, dass sie da nur Tratsch hören wollte.

Zwischendurch hatte ich dann noch eine Chefin, die wirklich clever war. Sie hatte nur leider keine Übersicht über ihre Sachen, war immer spät dran und sehr unordentlich. Fast immer lief sie hektisch durchs Büro und ich habe etliche Male für sie Feuerwehr spielen müssen, weil sie Termine vergessen oder Papiere ver-legt hat. Dabei ist doch genau das Multitasking eine Stärke von Frauen: dass sie sehr gut mehrere Dinge gleichzeitig auf die Reihe kriegen. Wie im privaten Bereich: Die Arzttermine der Kinder koordinieren, den Urlaub planen und dafür sorgen, dass der Kühl-schrank immer gut gefüllt ist – das machen doch meist alles die Frauen und eben alles parallel.

Alexandra kann das auch sehr gut. Was ich ebenfalls an ihr mag: Sie ist persönlich, aber es bleibt bei einem professionellen

Verhältnis. Sie geht schon mal mit uns in die Kantine und erzählt dann auch von ihrer Familie oder privaten Dingen. Aber das hält sich in Grenzen. Das ist mir sympathisch, weil ich auch finde, dass das Private im Job nicht unbedingt viel zu suchen hat.

Sie arbeitet Teilzeit, seitdem sie aus der Elternzeit zurück ist, und verlässt jeden Tag um 14 Uhr das Büro. In Stuttgart eine Kita zu finden, die zu bürofreundlichen Zeiten geöffnet hat, ist so gut wie unmöglich. Aber sie schafft ihren Job in diesen dreißig Stunden pro Woche ohne Probleme. Soweit ich weiß, lässt sie ihr Notebook auch immer in der Firma. Und ist trotzdem in allen Themen voll drin. Ich habe keine Ahnung, wie sie das schafft.

Alexandra kleidet sich im Job sehr weiblich. Erst dachte ich, dass das vielleicht nicht so klug ist – dass man dann als Frau schnell aufs Äußere reduziert wird. Aber ihre Kleidung ist keinesfalls extrem. Und inzwischen finde ich es super. Sie ist eben einfach ein lässiger Charakter. Sie ist der Kumpeltyp, aber absolut professionell und immer sehr korrekt. Es wird zum Beispiel nie geflirtet – auch vonseiten der Männer nicht. Sie respektieren sie vollkommen.

In unserer Firma gibt es keinen offiziellen Dresscode. Aber wenn man die Angestellten durch die Flure gehen sieht, ist eigentlich klar, dass man sich eher konservativ anziehen sollte. Ich halte mich da inzwischen auch nicht mehr wirklich dran. Seriöse Klamotten ja, aber nicht zu brav. Der Rock muss heute einfach nicht mehr bis übers Knie reichen, finde ich. Im Nachhinein denke ich aber: Vielleicht sind es oft gerade diese Klischees und Vorurteile, die wir alle nicht richtig loswerden, die dafür sorgen, dass Frauen nicht genauso Karriere machen können wie Männer.

Ab und zu wird nur gewitzelt, dass Alexandra »die Folienmalerin« bei uns in der Abteilung sei. Sie schreibt nämlich Folien ohne Ende. Es gibt kein Thema, bei dem sie nicht mit Powerpoint arbeitet. Sie kann selbst gut zeichnen und Sachverhalte sehr gut grafisch darstellen. Für die strategischen und konzeptionellen

Dinge, die sie bearbeitet, lässt sich das auch einfach nutzen. Es fällt auf: Auch da ist sie sehr klar, es sind aussagekräftige Skizzen ohne viel Schnickschnack.

Für mich läuft der Arbeitsalltag mit ihr sehr gut. Sie lässt mich wirklich machen: Sie gibt mir Aufgaben und ich muss sie nicht bei jedem Zwischenschritt um Erlaubnis fragen, sondern sie vertraut mir. Als ich zum Beispiel vor Kurzem eine Präsentation vor einem anderen Team halten sollte, habe ich ihr das Dokument vorher geschickt, damit sie es gegenlesen kann. Sie hat mir ein kurzes Okay gegeben und damit war das erledigt. Sie gibt mir auch oft Anregungen, in welche Richtung ich noch weiterdenken oder was ich irgendwo noch ergänzen kann – und dann überlässt sie mir wieder das Ruder. So etwas motiviert natürlich. Aber was mir im Moment dabei noch fehlt, ist ihre klare und direkte Rückmeldung, wie zufrieden sie mit meiner Arbeit war und wo ich mich noch weiterentwickeln kann. »Nicht gemeckert ist gelobt genug« – das reicht mir nicht.

Ich habe von Freunden und Bekannten gehört, dass es gute männliche Chefs geben soll. Aber ich selbst kenne keinen Mann, der einen Bilderbuchchef abgibt. Für mich sind Frauen die besseren Führungskräfte. Sie sind besser organisiert. Und sie sind umsetzungsorientierter – das merkt man bei Alexandra, weil sie immer gern zu allem einen Lösungsansatz von uns hören will und meist sofort eigene Einfälle einbringt, wenn man etwas mit ihr bespricht.

Frauen haben auch ein besseres Gespür für zwischenmenschliche Dinge. Männer sind weniger »down to earth«, sondern eher abstrakt, themenbezogen und durchsetzungsstärker. Männer agieren auch öfter nach der Methode »Machen und fertig!« und fordern das auch von ihrem Umfeld ein, während eine Frau erst nach links und rechts schaut und darüber nachdenkt, ob es überhaupt realisierbar ist. Beides hat sicherlich Vor- und Nachteile. Ich denke aber auch, dass man ab einer bestimmten Ebene gar keinen

Chef im Sinne einer Führungskraft mehr braucht, sondern dass es dann eher nur noch um Inhalte, Verantwortung und Zuständigkeit geht. Der Chef vom Chef vom Chef, oder besser die Chefin der Chefin der Chefin – irgendwann bringt das doch inhaltlich nichts mehr.

*

Nachdem mir Christiane so positiv von ihrer Chefin erzählt hat, habe ich mich gefragt, ob ihre Begeisterung vielleicht einfach darin begründet liegt, dass ihre Chefin eines sehr gut kann: das Beste aus ihren Mitarbeitern herausholen. Christianes Chefin ist eine moderne Chefin »auf Augenhöhe« – lässig, kompetent, zuverlässig und engagiert. Für sie steht nicht ihr Ego an erster Stelle, sondern Inhalte. Allein schon dadurch motiviert sie und fördert die individuellen Stärken ihrer Angestellten. Ich denke, dass es Frauen leichter fällt, so eine Art Chef zu sein. Weil sie nicht den Platzhirsch spielen müssen, sondern eher loslassen können, und weil sie das Team zusammenhalten und fördern wollen. So entsteht auch gar nicht erst eine Atmosphäre, in der jeder das Gefühl hat, er müsse seine Kollegen übertrumpfen, um sich vor seinem Chef zu profilieren. Und dann entwickelt man unter so einer Chefin auch noch die eigenen Fähigkeiten weiter – was will man mehr?

»Sie nimmt mich ernst«

Die faire Bodenständige

ANDREAS MATSCHKE (30),* Promotionsstudent
in einem pharmazeutischen Betrieb, Magdeburg,
über seine Chefinnen

Andreas ist ein alter Schulfreund von mir und soweit
ich mich erinnern kann, ist er im Grunde seines Herzens
ein Macho, einer von der harmlosen Sorte zwar, aber er
riskiert schon gern mal eine dicke Lippe und reißt Witze
über Frauen. Einige davon sind sogar lustig. Durch Zufall
habe ich ihn wiedergetroffen und er sagt, er habe zum
Thema »weibliche Chefs« etwas zu erzählen. Ich bin
gespannt.

*   Name geändert

Ich habe nicht nur eine Chefin, sondern gleich zwei. Ich promoviere in Chemie und arbeite und forsche deshalb im Labor eines pharmazeutischen Betriebs in Magdeburg. Dieses Labor hat noch ein Partnerlabor. Und beide Einrichtungen werden von Frauen geleitet. Eine von ihnen macht ihren Job sehr gut, die andere sehr schlecht.

Die Leiterin des Labors, in dem ich am häufigsten arbeite, ist zum Glück die Chefin, die ich mag und die meiner Meinung nach ihren Job gut macht. Sie heißt Frau Lage und war chemisch-technische Angestellte, bevor sie den Laborleiterposten übernommen hat. Sie kennt die Laborroutine also von der Pike auf, hat den Überblick und das ist eine Menge wert. Sie ist nett, freundlich, umgänglich und nicht abgehoben. Sie redet nie »von oben herab« mit uns: Manche werden ja hochnäsig, nachdem sie von der einen Ebene auf die nächsthöhere aufgestiegen sind. Sie hat jedoch kein bisschen die Bodenhaftung verloren. Sie kümmert sich wirklich um alles: inhaltlich und auch auf der zwischenmenschlichen Ebene. Frau Lage sucht oft das Gespräch, sie ist immer sehr interessiert an den Meinungen der Mitarbeiter und fragt nach, wie die einzelnen Projekte laufen. Sie kümmert sich auch um Details. Und weil sie sich inhaltlich gut auskennt, weiß sie auch, wovon sie spricht.

Dass meine Chefin eine Frau ist, ist überhaupt kein Problem für mich. Manche Männer kommen ja nicht damit klar, wenn sie sich von einer Frau etwas sagen lassen müssen. Aber ich muss mich, seit ich denken kann, von Frauen beherrschen lassen. Ich habe eine Schwester, meine Mutter ist sehr durchsetzungsstark und meine Oma hat immer mit im Haus gewohnt. Das tut mir nicht weh, ich bin nicht so, dass ich sage: Mir soll bitte ein Mann sagen, was ich zu tun und zu lassen habe!

Frau Lage ist sehr fair. Wenn sie mit mir spricht, habe ich immer das Gefühl, dass sie mich ernst nimmt. Sie muss mir ja viele Aufgaben übertragen und Anweisungen geben. Dabei muss sie mich auch Dinge machen lassen, die mit meiner eigentlichen Arbeit wenig zu tun haben, die aber im Labor zu erledigen sind und die ich aufgrund meiner chemischen Fachkompetenz übernehmen soll. Sie macht immer klare Ansagen, aber sie gibt keine Befehle. Sie fragt, ob man etwas bis zu einem bestimmten Termin erledigen kann: »Hier ist jetzt das und das. Da hast du doch schon mal was in der Richtung gemacht, kannst du noch mal drübergucken – kannst du das und das vielleicht noch mit einarbeiten? Schaffst du das bis nächste Woche Freitag?« Sie sagt auch Bitte und Danke. Sie ist kommunikativer, als es männliche Chefs oftmals sind. Ich kann mir vorstellen, dass Männer häufig einfach sagen: »Diese Aufgabe! Bis nächste Woche Freitag!« Bei der netten Variante macht man den Job lieber. Dass ich es dann auch nicht einfach ablehnen kann oder möchte nach dem Motto »Nee, hab ich keinen Bock drauf«, ist dabei auch klar.

Manchmal sind Frauen vielleicht etwas zu zaghaft, das will ich nicht übersehen. Aber ich finde diese Art trotzdem besser. Es hat auch nichts mit Unsicherheit zu tun bei ihr. Ich würde sagen, das ist eine gute Eigenschaft, eine Frage von Empathie. Man sagt ja immer, Frauen können das besonders gut. Da kann ich aber genauso gut über die zweite Laborleiterin reden – Frau Rackwitz. Mit der habe ich etwas weniger zu tun, aber ich finde, dass sie überhaupt nicht kommunikativ oder empathisch ist: Sie interessiert sich schlichtweg null für die Belange ihrer Mitarbeiter.

Bei ihr steht ein Gerät, mit dem ich nur ab und zu arbeiten muss. Deshalb haben wir nicht viel miteinander zu tun. Aber im Alltag und durch die Gespräche mit Mitarbeitern bekomme ich schon mit, wie es mit ihr läuft. Bei ihr ist man als Mitarbeiter chronisch frustriert, weil Probleme nicht wahrgenommen und kommuniziert werden können. Als eine Kollegin es mal gewagt hat, sich bei dieser Chefin zu beschweren, hat die »zur Strafe« zwei Wochen lang nicht mit ihr geredet. Frau Rackwitz hatte da wohl das Gefühl, dass ihr Führungsanspruch angezweifelt wird und das hat sie empfindlich getroffen. Dabei war es konstruktive Kritik. Das hat sie aber nicht verstanden und angenommen.

Beide Labors machen im Prinzip die gleiche Arbeit. Die Aufgaben unterscheiden sich ein wenig, aber die Zahl der Proben, die bearbeitet werden müssen, ist gleich, weil es ein und dieselben Proben sind, die durch beide Einrichtungen gehen. Das eine Labor untersucht bestimmte Parameter dieser Proben, das andere untersucht weitere. Das, ich nenne es mal, »Chaos«, das unter Frau Rackwitz herrscht, kann man also nicht damit begründen, dass dort mehr zu tun sei.

Frau Rackwitz ist inkompetent, aber sie stellt sich nicht blöd an: Ihrem Chef gegenüber, eine Etage höher also, ist sie sehr präsent. Sie richtet ihr Fähnchen immer nach dem Wind aus. Ich glaube, sie sagt nie wirklich ihre Meinung, sondern spricht nur Dinge aus, von denen sie denkt, dass ihr Chef sie genauso sieht. Außerdem ist sie ständig in Meetings, sie konzentriert sich mehr auf die repräsentativen Dinge als auf ihre eigentlichen Aufgaben. Alles, was sie an Aufgaben bekommt, gibt sie an ihre Fachgruppenleiter weiter, ohne Vorarbeit und ohne sie auf anderem Wege zu unterstützen. Sie tingelt von Meeting zu Meeting, während unter ihr alles erstickt.

In der Wissenschaft kommt es stark auf den Fachbereich an, wie hoch der Frauenanteil ist. Ich kann nur für die Chemie sprechen, da sind die führenden Kräfte meist Männer. Das liegt sicher auch daran, dass nur wenige Frauen so ein Studium beginnen. Wenn man mit nur zehn Prozent Frauen an den Start geht, kann man nicht mit 90 Prozent am Ziel ankommen. Obwohl die reine Chemie also eine klassische Männerdomäne ist, habe ich in den Labors, in denen ich bisher gearbeitet habe, fast nur weibliche Mitarbeiter und Führungskräfte erlebt. Das liegt vielleicht daran, dass viele von ihnen vorher so eine Ausbildung zur chemisch-technischen Angestellten gemacht haben – das ist eine bei Frauen sehr beliebte Berufsausbildung. Ich persönlich finde unter den Kollegen gemischte Teams immer am besten: Ein ausgewogener Mix aus weiblichen und männlichen Mitarbeitern sorgt für ein harmonisches Arbeitsklima. Während reine Frauenteams genauso einseitig sind wie reine Männerteams.

Ich habe auch schon mal mitbekommen, dass es richtigen Zickenterror gab in einem Kollegium mit vielen Frauen und eine Mitarbeiterin wurde sogar fast entlassen, weil sie so intrigant war. Der Konflikt wurde nur gelöst, weil man sie in eine andere Abteilung versetzt hat. Harmloses Rumgezicke ab und zu stört uns Männer ja kaum. Das tut man mit einem Schulterzucken ab und sagt »Na, die Frauen wieder ...« und gut ist. Zickenterror aber, den machen die Frauen ja auch nicht unter sich aus. Das kriegen wir Männer genauso mit und werden mit reingezogen. Das ist wirklich nervig. Es vergiftet generell das Klima am Arbeitsplatz und das rächt sich dann langfristig.

In meinem jetzigen Labor sind wir fünf Männer und dreißig Frauen. Wir bräuchten also eigentlich einen Männerbeauftragten, der sich für unsere Belange als Minderheit einsetzt. Aber keine Sorge, wir kommen schon klar ... Nein, das war jetzt natürlich nur ein Flachs von mir! Sicherlich ist so ein Frauenlabor ab und zu auch mal eine Schlangengrube, aber als Mann steht man da zur Not drüber. Dabei haben Frauen so viele Qualitäten, die sie im Beruf zeigen können. Bei Frauen in der Wissenschaft – und ich denke, das gilt dann auch in anderen Bereichen – fällt mir zum Beispiel auf, dass sie ihre Arbeit und die Aufgaben, die ihnen gestellt werden, immer sehr ernst nehmen. Sie arbeiten sich in der Regel sehr tief in die Materie ein, um ein Thema vollständig zu durchdringen und meiner Meinung nach sogar oftmals stärker, als das Männer tun würden. Frauen sind auch sehr fleißig. Männer sparen sich die letzten 10, 20 Prozent. Natürlich trifft das wieder nicht auf jeden zu, aber ich denke, man kann es durchaus so verallgemeinern. Ich will nicht sagen, dass Männer faul sind. Aber bei ihnen funktioniert zum Beispiel Forschung weniger über dieses

Abarbeiten von Aufgaben, sondern mehr über Neugier und Ausprobieren von Sachen, die man noch nicht gemacht hat. Während Frauen sich vorher einen Plan machen und dann ranklotzen, testen Männer sich einfach öfter spielerisch aus. Bei welcher Herangehensweise am Ende hinten mehr rauskommt, weiß ich nicht. Das müsste man vielleicht mal in größerem Rahmen untersuchen. Aber sicher ist: Beides bringt Ergebnisse.

Ich denke, bei den Männern ist die Motivation hinter diesem Verhalten eine Art arrogantes Selbstbewusstsein. Nach dem Motto: Ich mach das hier einfach mal, ich baue es auseinander, hinterher kriege ich es schon irgendwie wieder zusammen. Was soll schon passieren? Das kenne ich auch von mir, deshalb kann ich das behaupten. Ich habe mich zum Beispiel in meinem Labor mit einer Kollegin unterhalten und während ich mit ihr rede, fummele ich nebenbei an ihren wissenschaftlichen Geräten rum, die da stehen. Einfach so nebenbei, weil ich die Finger nicht stillhalten kann. Dann macht es plötzlich »knick-knack« und ich halte irgendwas in der Hand, das ich eigentlich gar nicht abbauen wollte.

»Ups …«

Die Kollegin ist erschrocken: »Oh, das habe ich noch nie abgebaut.« Ich habe nichts kaputt gemacht, nichts abgebrochen oder so. Ich habe ihr nur gezeigt, dass man da auch noch was verändern kann an dem Gerät. Obwohl sie schon seit anderthalb Jahren damit arbeitete, hatte sie das nicht bemerkt, hatte sich da nicht rangetraut. Es hätte ja was kaputtgehen können … Das ist vielleicht gar keine schlechte Einstellung, eine gewisse Vorsicht schadet nicht, aber manchmal verhindert sie Fortschritt. Männer halten sich dagegen vielleicht immer ein Stück weit für genial und glauben, dass sie auch ohne Fleiß durchs Leben kommen. Trotzdem sind wir natürlich auch vernünftig und machen nicht alles kaputt, nur um dabei zufällig etwas Tolles zu entdecken.

Ich denke, Frau Lage ist gut in ihrem Job und sie macht ihn auch gern. Weil die Arbeit sie ausfüllt, weil es ihr Spaß macht und weil sie ihr Wissen anwenden kann. Ja, ich denke, sie ist gern Laborleiterin. Ich würde mich sogar so weit aus dem Fenster lehnen zu sagen, dass sie gar nicht groß weiter aufsteigen möchte. Als Abteilungsleiterin würden ihr auch die betriebswirtschaftlichen Kenntnisse fehlen und sicherlich das Durchsetzungsvermögen, um auf Augenhöhe mit den anderen Abteilungsleitern Themen durchboxen zu können. Denn da ist sie einfach weniger stark.

Als Führungskraft braucht man diese Kraft aber, denke ich. Ich meine damit nicht, dass man als Chef oder Chefin rücksichtslos seine eigene Meinung durchboxen soll. Aber man sollte sich durchsetzen können. Mir fällt da der Bereichsleiter der Qualitätssicherung meines Arbeitgebers ein: Er ist ein sehr netter Mensch, unglaublich fachkompetent, ebenfalls sehr interessiert an seinen Mitarbeitern und an deren Meinung. Aber er kann sich leider nicht richtig durchsetzen, ist nicht mit den nötigen Ellenbogen ausgestattet. Er schafft es oft nicht, sich dem Geschäftsführer gegenüber für das Labor einzusetzen und beispielsweise dafür zu sorgen, dass bestimmte Dinge wie Materialien und Geräte angeschafft werden.

Beim Stichwort »Kompetenz« fällt mir ein, dass Männer auch dann sehr selbstbewusst sind, wenn ihnen der konkrete Bildungsabschluss für einen Job fehlt. Sie trauen sich eine Führungsposition zu, obwohl sie nicht gut genug ausgebildet sind. Ein Mann sagt: Ich bin ein Mann, ich schaffe das. Das ist wieder diese männliche Arroganz. Frauen sind da zurückhaltender. Aber ohne beleidigend sein zu wollen, denke ich: Das ist auch doof von den Frauen, dass sie es nicht genauso machen und sich einfach nehmen, was sie kriegen können. Als Mann sieht man sich oft gar nicht in einer anderen Position als der des Chefs. Das ist so ein Führungsdenken. Ob es jetzt eine clevere Entscheidung ist, dass man unbedingt Herdenführer sein will, ist ein anderes Thema.

Das Einzige, was man Frau Lage meiner Meinung nach vorwerfen kann: Sie entwickelt keine Visionen für die Zukunft des

Labors. Das wären Überlegungen wie: Soll weiter alles von Hand gemacht werden? Oder investiert man in eine Automatisierung, in Roboter? Die könnten dann zum Beispiel auch über Nacht arbeiten. Ich weiß nicht, ob sie selbst keine Ideen hat, wie es weitergehen kann, oder ob sie sich vor Veränderungen scheut. Sie sorgt jedenfalls leider nicht dafür, dass das Labor vorankommt. Mir selbst fällt das gar nicht so sehr auf, weil es meinen Aufgabenbereich eher weniger betrifft. Aber unter den Kollegen wird viel darüber geredet. Die kannten auch die Laborleiterin davor und die war wohl – ich kenne sie nicht – wesentlich aktiver in diesem Bereich. Im Vergleich fällt das besonders stark auf, dass unsere jetzige Chefin da eher zurückhaltend ist. Die Kollegen sind ein bisschen frustriert, dass sie nur Stillstand produziert, was die Weiterentwicklung der Arbeit, neue Geräte und das Ausprobieren neuer Möglichkeiten angeht. Als Leiterin einer solchen Einrichtung gehört es eigentlich mit zu ihren Aufgaben, an die Zukunft zu denken. Und indem sie solche Projekte nicht vorantreibt, entscheidet sie sich ja gegen den Fortschritt. Im Tagesgeschäft ist diese Chefin also top. Aber bei der Planung für die Zukunft, da könnte sie mehr tun.

Ihre Aufgabenlast im Alltag ist aber auch relativ hoch. Sie kommt wahrscheinlich wenig dazu, sich darüber Gedanken zu machen. Und ich vermute, dass es auch ein bisschen daran liegt, dass sie an der Grenze ihrer Möglichkeiten arbeitet. Dass ihr von ihrer Ausbildung her vielleicht einfach so ein paar Sachen fehlen. Das sage ich jetzt mal so und will dabei gar nicht bösartig sein. Denn ich meine ja nicht, dass sie vom Intellekt her nicht in der Lage dazu ist. Aber sie hat eben nur diese Ausbildung gemacht. Was sicherlich nicht schlecht ist, das will ich gar nicht herabwürdigen. Aber vielleicht fehlt ihr dadurch der Hintergrund und das Gefühl dafür, dass die Zukunftsplanung dazugehört. Sie hat den Anspruch einfach nicht. Sie hat es vielleicht gar nicht so als Aufgabe erfasst. Weil es ja keine Aufgabe ist, die einem so explizit gestellt wird, sondern man muss sie schon auch selbst erkennen.

Ich kann es ihr auch nicht sagen. Ich komme von extern. Es steht mir schlichtweg nicht zu, zu irgendwelchen Chefs oder Laborleitern zu gehen und zu sagen: »Folgende Aufgabe müssen Sie noch erledigen, das gehört zu Ihrem Job dazu.« Das wäre eine ganz schlechte Idee. Andererseits: Wenn niemand sie darauf anspricht, dann wird sie es wahrscheinlich auch nicht von selbst erkennen.

Die Mitarbeiter wissen aber durchaus auch zu schätzen, dass die jetzige Situation Vorteile hat. Neue Methoden oder Geräte bedeuten immer auch: Man muss sich einarbeiten und vieles aufeinander abstimmen. Das braucht am Anfang Zeit. Auf der anderen Seite können neue Methoden, Geräte und Arbeitsweisen auch Abläufe beschleunigen, vereinfachen, verbessern. Das ist der Zwiespalt.

Was meiner Meinung nach sicher ein wichtiger Grund dafür ist, dass Frauen seltener Karriere machen, das sind die Männerbündnisse im Job. Oftmals werden tatsächlich auf diese Weise Karrieren gefördert. Man bekommt den Job nach einem Plausch bei einem Feierabendbier oder ähnlichen Zusammenkünften. Man lernt sich an solchen Abenden besser kennen, die Kontakte mit den Kollegen werden intensiver und ich denke, wenn es dann um die Besetzung von Stellen geht, befördert man eher Leute, denen man sich verbunden fühlt. Das ist vielleicht gar nicht mal böse Absicht. Man verliert einfach andere Aspekte unbewusst aus den Augen. Und genau bei solchen Terminen sind Frauen nur selten dabei. Weil sie dann oftmals schon Familie haben und keine Zeit oder auch sonst keine Lust auf solche Sachen haben und sagen: »Warum soll ich mich auf ein Bier mit den Kollegen treffen?« Das ist dann ja von der Frau keine Entscheidung gegen die Karriere. Es ist einfach schade, dass sie solche Chancen verpassen.

Ein schönes Beispiel sind auch diese Incentive-Reisen, von denen ab und zu berichtet wird. Wo Firmen der männlichen Belegschaft neben reichlich Alkohol oft auch käufliche Frauen spendieren. Mit Kolleginnen wären solche Sachen doch gar nicht möglich, die könnte man da ja auf keinen Fall mit hinnehmen. Also bleibt man lieber unter sich, weil man ja nächstes Jahr auch wieder schön verreisen will. Ganz so einfach ist es natürlich nicht. Also das wird sicher nicht immer so geplant von den Firmen. Aber letztlich läuft es darauf hinaus. Ich muss nur auch noch dazu sagen: Das sind jetzt alles Mutmaßungen von mir, weil ich noch nicht auf den Ebenen bin, wo das entschieden wird. Aber das ist so mein Eindruck nach allem, was ich bis jetzt gehört, gesehen und gelesen habe.

Dass das alles so funktioniert, könnte ich als Mann ja gut finden. Tue ich aber nicht, weil ich sehe, dass Männer auf Führungspositionen sitzen, die sie nicht gut ausfüllen. Ich will nicht sagen, dass zwangsläufig eine Frau auf der jeweiligen Position immer die bessere Wahl wäre, aber da wurde jemand schlichtweg nicht nur nach fachlichen Gesichtspunkten eingestellt oder befördert. Ich will es jetzt nicht unbedingt auf dieses Mann-Frau-Ding runterbrechen. Dass man in bestimmten Situationen besser einer Frau oder besser einem Mann den Job geben sollte, das ist Käse. Ich würde es einfach gut finden, wenn die Aufgaben vernünftig ausgeführt werden. Ob das jetzt ein Mann oder eine Frau macht, ist egal. Und ob die Frau dann Kleider und Röcke anzieht in der Firma oder Hosenanzüge, ist mir auch egal. Wichtig ist, dass der Laden läuft. Und ob ich jetzt in einer reinen Männerwirtschaft arbeite oder in einer reinen Frauenwirtschaft arbeite als einzelner Mann, ist – vereinfacht gesagt – auch erst mal egal.

Ich habe noch nie groß drüber nachgedacht, was ich von meinem Chef alles erwarte. Aber ich erwarte ganz sicher Interesse für die Belange der Mitarbeiter. Was jetzt nicht heißt, dass er sich unbedingt für mein Privatleben interessieren muss, und er muss mich auch nicht jeden Tag fragen, wie es mir persönlich geht. Ich muss mit meinem Chef oder meiner Chefin keinen Privatkram besprechen. Ein Chef soll dafür zeigen, was die Marschrichtung ist, wo es hingehen soll. Er soll das aber nicht nur per Order rausgeben – »Wir rennen jetzt in diese Richtung!« –, eine kurze Begründung, warum, wäre auch schön. Dass er sagt: »Ja, wir machen das jetzt auf diese Art und Weise, weil es die und die Bestimmungen gibt oder weil wir dadurch besser, günstiger, schneller oder was auch immer werden.« Insbesondere wenn es um einen Strategiewechsel geht. Und die Führungskraft sollte tatsächlich auch ein offenes Ohr für Sorgen, Nöte und Probleme haben, die den Betrieb oder die Arbeit betreffen, und da versuchen, zeitnah zu reagieren. Es muss nicht in derselben Minute oder am selben Tag sein. Klar ist so ein Arbeitstag durchgeplant.

Aber ein Negativbeispiel ist mein Chef in meiner alten Firma. Den habe ich Mitte Dezember angesprochen, dass ich mal mit ihm sprechen möchte, und erst Ende Mai hat er Zeit gefunden. Da habe ich ihm nur noch meine Kündigung zum Unterschreiben hingelegt.

*

Nach dem Gespräch mit Andreas denke ich über die Männerbündnisse nach, von denen er erzählt hat. Ich frage mich, welche beruflichen Chancen ich schon verpasst habe, wenn ich eines der vielen »Tagesabschlussbiere« abgesagt habe, weil ich nicht schon wieder Lust auf die gegenseitige Beweihräucherung meiner männlichen Kollegen hatte. Oder dass ich während meiner Praktika und bei Jobs in Redaktionen immer lieber mit netten Kolleginnen in die Kantine gegangen bin, als mich mit an den »anstrengenden« Tisch zu setzen, an dem die leitenden (männlichen) Redakteure aßen. Wer weiß: Wenn ich öfter da gesessen hätte, würde ich heute vielleicht schon jeden Tag mit ihnen essen. Ich mag nicht tauschen gegen meinen Schreibtisch in einer Bürogemeinschaft in Berlin Prenzlauer Berg – ein Fensterplatz im Erdgeschoss mit Blick auf den Alltag draußen. Aber ich wüsste zu gern, welche Möglichkeiten ich vielleicht noch gehabt hätte. Doch wenn tatsächlich schon Jobs über solche Männerrunden vergeben worden wären, hätte ich wahrscheinlich eh nicht so viele Liter Bier trinken können, wie nötig gewesen wären, um den männlichen Nachwuchs zu überholen ...

»Macht ist geil«

Die coole Amazone

MARION HORN (45), Stellvertretende Chefredakteurin
der BILD-Zeitung, Berlin

Höher geht es fast nicht: Das Axel-Springer-Hochhaus in
Berlin hat 19 Stockwerke, Marion Horns Büro liegt in der
sechzehnten Etage. An den Wänden hängen Zeitungsaus-
schnitte mit großen Buchstaben, an der Tür klebt
der Spruch »Warum werden Frauen seit Jahrhunderten
unterdrückt? Weil es sich bewährt hat«. Das ist ihre
Art von Humor – Marion Horn ist die einzige Frau in der
Chefredaktion der Bild. Sie ist verantwortlich für die
16 Regionalausgaben der Zeitung – und nicht nur dabei
erlebt sie immer wieder, wie unterschiedlich Frauen und
Männer Karriere machen. Sie selbst hat sich nicht an all
das gehalten, was sie jungen Frauen heute zum Thema
Berufsplanung rät, sagt sie. Und es trotzdem – oder
gerade deswegen? – ganz nach oben geschafft.

Ich finde Macht total geil. Ich weigere mich, es »Gestaltungsspielraum« zu nennen. Es ist einfach großartig, dass man der eigenen Erfahrung nach entscheiden kann, ob man eine Diskussion weiterlaufen lässt oder irgendwann sagt: »Jetzt hier lang. Ich habe eure Meinungen gehört und ich entscheide jetzt, dass wir es soundso machen.« Du bist der Boss, du kannst dich von den Argumenten der anderen umstimmen lassen oder du kannst bei deinen bleiben. Das macht entspannt – du musst nicht darum kämpfen, deine Meinung durchzusetzen. Auf der anderen Seite musst du natürlich das Ergebnis aushalten. Ich kann am Ende nicht sagen: »Ach, meine Mannschaft ist so doof.« Wenn das Ergebnis schlecht ist, dann war ich nicht gut genug.

Mit dem Druck einer Führungsposition muss man umgehen lernen. Du kannst die Probleme nicht mehr wegschieben, du bist immer für alles verantwortlich. Du kannst eben nicht mehr in die Kneipe gehen und sagen: »Mein Chef ist ein Idiot.«

Eine Frau mit Macht ist nicht so sexy wie ein Mann mit Macht. Ich vermute, jeder meiner männlichen Kollegen kann sagen: »Hey, ich sitze in der Chefredaktion von *Bild*!« und ich halte jede Wette, dass ihm sofort attraktive kluge Frauen an den Lippen hängen. Das ist ein interessanter Beruf, die sehen auch noch alle gut aus, die Jungs – großartig. Ich selber reagiere ja auch eher auf Männer, die was auf die Reihe kriegen, als auf solche, die ich ernähren müsste. Aber kein Mann interessiert sich für eine Frau, weil sie Macht hat.

Bei Frauen läuft das anders: Früher wurde getratscht, mit wem ich wohl geschlafen habe, um einen Job zu bekommen. Jetzt fangen die Praktikanten an, mit mir zu flirten. Das ist einerseits ein bisschen demütigend, auf der anderen Seite aber auch ganz cool.

Bevor ich in Führungspositionen kam, war ich, glaube ich, einigermaßen beliebt. Und dann ist alles anders. Man kommt in eine Runde und alle hören auf zu sprechen. Entweder sie gehen weg oder die Menschen sagen plötzlich irgendwelche netten Sachen und du musst bewerten, ob es ernst gemeint ist. Aber wer jede Nettigkeit für falsch hält, wird auch ganz schön einsam.

Als Chefin muss man begreifen, dass man plötzlich weniger Freunde im Job hat. Dabei habe ich gerade diese Jobfreundschaften mit Kollegen immer sehr genossen. Vielleicht ist das eine Frauenmacke, aber ich brauche das. Karriere macht dich auch im privaten Umfeld weniger attraktiv – was Freundschaften angeht zum Beispiel –, weil man viel weniger Zeit hat. Es stellt sich doch kaum ein Mann hin und sagt: »Meine Frau ist übrigens extrem wichtig und deswegen kommt sie zu spät.« Ich habe zum Glück nach zwanzig Jahren des Suchens einen Mann gefunden, der das toll findet, und ich kann es immer noch nicht glauben. Er ist Sohn einer voll berufstätigen Mutter, die ihre Arbeit geliebt hat – das merkt man einfach.

Einer meiner Anfängerfehler war, dass ich immer dachte: Ich behandle Menschen so, wie ich behandelt werden möchte. Das hört sich klasse an, hat aber seine Tücken, weil Menschen nun mal unterschiedlich sind. Mich macht man komplett unglücklich, wenn man mich sehr steuert. Ich brauche das Gefühl von Freiheit. Mein Chef kriegt von mir die maximale Leistung, wenn er sagt: »Lauf los, ich fange dich schon ein.« Wenn er mir starke Reglements gibt, bin ich todunglücklich und verspannt. Es gibt aber Menschen, die sind ganz anders und wollen genau wissen, wo sie langlaufen sollen.

Ich habe meine Karriere nicht geplant. Und damit habe ich genau das Gegenteil dessen getan, was ich heute Volontärinnen und jungen Mitarbeiterinnen sage. Ich habe nichts, nichts, wirklich nichts geplant. Immer, wenn mir der Ball zugeworfen wurde, habe ich den gespielt. Aber ich habe nie gesagt: »Spielt mich an!« Mit Planung hätte ich mit Sicherheit studiert und hätte auf keinen Fall *Wochenend* angefasst – ein Sex-Blatt. Auch jetzt: Mit Mitte vierzig noch mal ein Kind zu bekommen ist genauso verrückt. Also ich fürchte, ich bin nicht sehr vernünftig. Aber ich liebe meine Töchter und ich liebe meinen Beruf. Und ich kann die anstrengenden Seiten gut aushalten. Ich bin dem lieben Gott dankbar, dass alle Würfel so gefallen sind, wie sie gefallen sind.

Ich habe direkt nach der Schule angefangen zu arbeiten. Meine Eltern konnten mich finanziell nicht unterstützen, es war klar: Ein Studium fällt aus, ich will schnell Geld verdienen und auf eigenen Füßen stehen. Schon während des letzten Jahres in der Schule habe ich frei gearbeitet – so, wie Schüler sich oft »reinmogeln«. Direkt danach habe ich volontiert, den ersten Job bekam ich bei *Bild der Frau* und dort wurde mir bald eine Ressortleiterstelle angeboten. Ich war 23 und schon Mutter und musste schlicht und ergreifend meine Tochter ernähren. Also habe ich gedacht: Na gut, ich probiere das. Es war toll. Aber dort war ich auch sehr in Frauenthemen verheddert. Heute sind Frauenzeitungen ja differenzierter, aber gerade bei so einem klassischen Frauentitel hieß es damals nur: »Huch, Überraschung! Es ist Ostern und da gibt es Ostereier und die kann man verschieden anmalen!« Auf Dauer wollte ich so was nicht machen. Ich dachte: Wenn ich noch einmal über Gulasch oder Treue nachdenken muss, dann werde ich verrückt.

Also habe ich nach zwei Jahren gekündigt. Einfach so, ohne eine neue Stelle in Aussicht zu haben. Und bekam noch in derselben Woche ein Angebot: Im Bauer Verlag wurde jemand für einen Titel gesucht, der nicht gut lief. *Wochenend.* Erst war ich beleidigt, dann habe ich doch als freie Mitarbeiterin angefangen. Ich musste ja irgendwie meine Brötchen verdienen. Ich habe an einem Relaunch des Blattes gebastelt – so kess, wie man wahrscheinlich nur mit Mitte zwanzig sein kann. Ich fand das Heft grauenvoll. Also drehte ich es total um. Nur die Leser – zu meiner Überraschung gab es ein Drittel weibliche Leser – fanden das in der Marktforschung überhaupt nicht gut. Gerade als ich dachte »So einfach ist es halt doch nicht«, bot mir der damalige Geschäftsführer die Chefredaktion an: »Wir möchten Sie gerne haben. Das ist Ihr Gehalt und morgen fangen Sie an.« Der hat mich so überfahren damit, dass ich nicht widersprochen habe. Ich war geschmeichelt und platt.

Der erste Tag war der schlimmste. Ich habe mir den ersten Anzug meines Lebens gekauft und bin da hin. Der Mannschaft wurde mitgeteilt: »Der Chef ist weg, das ist Ihr neuer Chef!« Die beiden Verlagsverantwortlichen schubsten ein 26-jähriges Mädchen nach vorn und fuhren in Urlaub. Das war ein echter Panikmoment. Vor all diesen Menschen zu stehen mit dem Gefühl: Die wollen jetzt von mir wissen, was sie tun sollen. Dabei hätte ich ihnen nicht mal mehr meinen eigenen Namen nennen können. Abends bin ich heimgekommen, habe mich flach auf das Parkett gelegt, an die Decke geguckt und gedacht: Oh Gott, da gehe ich morgen nicht wieder hin.

Gleichzeitig sollte das so etwas wie der Kern meiner Ausbildung als Chefin werden, eine »Operation am lebenden Objekt«. Das Wirtschaftliche verstehen, Betriebsabrechnungsbögen lesen – wie führt man einen Laden und wie passt man auf das Geld auf? Ich konnte mir meinen Millionenetat überhaupt nicht vorstellen. Ich hab mir das Geld auf 52 Wochen heruntergerechnet, um zu wissen, wie viel ich pro Woche, pro Ausgabe ausgeben durfte. Ich hatte keine Ahnung von Mitarbeiterführung, Weiterentwicklung und allem: Es war also wirklich wild. Warum ich trotz allem geblieben bin? Weil man mich dort sehr intensiv gefördert hat. Und ganz ehrlich: vor allem aus Disziplin. Das hat mich durch alle meine Jobs begleitet: Der Anfang war immer sehr arg. Aber es war immer eine Frage der Disziplin zu sagen: »So leicht gebe ich nicht auf. Das kriege ich hin, das will ich hinkriegen.«

Trotz ist eine relativ starke Triebfeder in mir. Dass ich von der *Bild der Frau* zu *Wochenend* gegangen bin, war auch dieses: Keine Frau macht einen Sextitel, also mache ich das jetzt. Danach habe ich *TV Hören und Sehen* geleitet. Dann kam der Wechsel zur *Hamburger Morgenpost*, wo kein Mensch geglaubt hat, dass ich es auf die Reihe kriegen würde. Aber ich dachte: Euch zeige ich es. Disziplin und harte Arbeit. Ich rede jetzt zwar gerade wie Arnie Schwarzenegger, aber in der Tat habe ich irgendwie diese Grundüberzeugung, dass man alles hinkriegt, wenn man es wirklich will. Auch mit meinen Kindern: Wenn du das wirklich willst, dann schaffst du das.

Ich bin seit über zehn Jahren die einzige Frau in der *Bild*-Chefredaktion – es ist anstrengend. Ich wünsche mir schon lange, dass es mehr werden. Inhaltlich ist es manchmal schwierig: Gerade bei *Bild* haben viele Crime-Stoffe mit Gewalt gegen Frauen oder gegen Kinder zu tun. Ich fühle mich bei beidem angefasst. Als Profi verstehe ich das natürlich. Boulevard ist immer gefühlig, da liegen immer Emotionen auf dem Tisch. Dennoch: Die Kommentare der Männer in der Konferenz sind manchmal schwer zu ertragen. Manchmal einfach deshalb, weil sie sich qua Geschlecht irgendwie so einig sind.

Vielleicht können Frauen einen anderen Boulevard machen, weil sie einen besseren Zugang zu ihren Gefühlen haben. Sie können die verschiedenen Ebenen besser wahrnehmen und benennen. Wie sehe ich das Thema und was löst es in mir aus? Was wird es in anderen auslösen? Bitten Sie mal einen Mann, sein Gefühl von Traurigkeit zu formulieren. Wie viele Wörter findet er dafür und wie viele Wörter findet eine Frau? Wenn du einen Text wirklich gut machen willst, ist es hilfreich, wenn du mit vielen Förmchen in die Sandkiste gehst statt nur mit zwei, drei Stück. Auch im Interview: Es gibt großartige Reporter männlichen Geschlechts, keine Frage, aber jemandem richtig zuhören – das können Frauen oft besser.

Wenn man so verrückt wäre zu sagen, Löwen oder Stiere oder Zwillinge sind bessere Chefs, dann würde man wortreich gesteinigt – zu Recht. Aber das teilt die Menschheit noch in zwölf Gruppen ein. Jungs und Mädchen – das sind nur zwei. Von daher glaube ich eigentlich nicht an diese Einsortierung. Auf der anderen Seite bin ich eine Frau und wenn ich einen netten Abend mit Freundinnen erlebe, denke ich: Die Gespräche und auch der Humor wären so mit Männern nicht möglich. Natürlich gibt es geschlechtsspezifische Dinge. Was das zum Schluss für die Art der Führung bedeutet? Ich weiß es nicht.

Wir beschäftigen uns im Verlag zurzeit sehr stark mit dem Thema »Diversity«. Wir nehmen es sehr ernst und wir wollen die Kultur im Unternehmen verändern. Diversity scheint mir der Erfolgsfaktor zu sein, gerade um einen hochauflagigen Titel wie *Bild* zu machen. Wir müssen uns ändern, aus einer Männerkultur muss eine gemixte werden. Und zwar nicht nur der Mix Jungs-Mädchen, sondern auch Jung-Alt. Meine Lebenswirklichkeit ist die einer Frau, mit Mitte vierzig. Durch meine älteste Tochter bekomme ich vielleicht noch ein bisschen von dem mit, was Zwanzigjährige bewegt. Aber was weiß ich von Fünfzigjährigen und was weiß ich von Dreißigjährigen? Gar nichts. Ich habe keine Ahnung, ob ich die Welt mit Männeraugen anders sehen würde, aber wahrscheinlich schon. Deshalb glaube ich auch daran, dass es schlau ist, in einem Unternehmen verschiedene Typen von Menschen einzubeziehen. Es sind ja auch nicht alle Frauen gleich und nicht alle Männer gleich.

Der Verlag setzt jetzt wirklich mehr auf Frauen. Und zwar nicht als Förderungsprogramm, sondern weil wir daran glauben, dass wir so mehr Geld erwirtschaften. Ich bin auch überzeugt davon, dass eine Zeitung dadurch besser wird und wir damit auch langfristig mehr Erfolg haben werden. Obwohl der Nachwuchs, also die Volontäre, fast alles Frauen sind, sitzen in den Führungspositionen vor allem Männer. Also müssen uns diese tollen Frauen ja irgendwo entfleuchen. Wenn wir diesen Prozess jetzt nicht beenden, dann wird es arg. Wo immer Stellen frei werden, suchen wir jetzt ganz intensiv auch nach Frauen. Ziel ist es, auf der Shortlist immer einen Mann und eine Frau zu haben.

Der Verlag hat auch seine Kita, die vernünftige Öffnungszeiten hat, noch mal ordentlich ausgebaut. Aber es ist nicht nur der

Faktor Familie, der uns die Frauen wegbrechen lässt. Auch viele Frauen ohne Kinder kommen nicht auf die Chefsessel. Ein Grund ist eine gewisse Mackerkultur. Ich kann nicht behaupten, dass ich persönlich darunter leide: Wenn man immer die Einzige ist, hat man natürlich auch ein wenig Prinzessinnenstatus. Ich vermute, ich kann mir mehr erlauben als das Heer der Männer. Aber der Umgang untereinander dort ist oft rau.

Bevor ich zu *Bild* kam, hatte ich Angst vor der Stelle: diese Zeitung und ihr Ruf … Ich hab das Angebot nur angenommen, weil ich Angst hatte, dass ich als Oma auf der Parkbank sitze und sage: »Ich habe mich nicht getraut, mit den großen Jungs zu spielen.« Ich war, wie wahrscheinlich alle in Deutschland, geprägt von Wallraff, von Blum, also so richtig von diesem »Ohgottohgott«. Das ist alles Quatsch. Das ist vielleicht mal irgendwann so gewesen. Aber heute ist das längst vorbei. Trotzdem fallen schon mal Sätze, bei denen ich tief durchatmen muss.

Ich denke, grundsätzlich geht uns als Frauen das Führen leichter von der Hand als den Männern. Wir müssten nur unbedingt aufhören, uns immer selbst infrage zu stellen. Wenn ich für *Bild* Leute anwerbe, rufe ich an und sage: »Sie sind mir empfohlen worden. Ich bin hier stellvertretende Chefredakteurin, ich würde Sie gerne kennenlernen.« Ich überzeichne jetzt, aber ein Mann reagiert dann immer nach dem Motto: »Gott sei Dank hat endlich einer mein Talent erkannt.« Dann sehen wir uns und er stellt Bedingungen. Um eine Frau zu einem Gespräch zu bringen, muss ich mich echt anstrengen. Die fragt: »Woher haben Sie meine Nummer?«, »Bin ich dafür überhaupt gut genug?«, »Ist das wirklich das Richtige für mich?« Positiv ausgedrückt verfügen Frauen also über sehr viel mehr Selbstreflexion. Den Satz »Ich bin nicht gut genug« habe ich in 26 Jahren im Job von einem Mann noch nie gehört. Vielleicht ist der Rest der Welt voller Männer, die diese Selbstzweifel haben und sie auch artikulieren. Aber ich kenne das nur von Frauen. Und selbst wenn sie dann eine gehobene Position innehaben, lassen sie sich total leicht durch Kritik aus der Bahn werfen und münzen sie auf sich persönlich. Ich glaube – und das kenne ich auch von mir selbst –, Frauen verquicken vieles mit der persönlichen Ebene. Also nicht: Die Geschichte ist komplett danebengegangen. Sondern: Habe ich es gut genug erklärt? Frauen schimpfen weniger auf einen Mitarbeiter: »Dieser Vollidiot. Ich habe ihm doch klar gesagt, wie er das machen soll.« Sondern sie beziehen es auf sich selbst, sie schaffen es oft, es irgendwie so hinzubiegen, dass sie selbst noch die Schuld haben.

Es kommt auch selten vor, dass du zu einem Mann sagst »Ich möchte, dass du folgende Aufgabe übernimmst« und der nicht im selben Gespräch fragt »Und was kriege ich an Kohle?«. Eine Frau fragt das nie. Mir fallen immer wieder Mitarbeiterinnen auf, die haben Stück für Stück mehr Aufgaben übernommen, aber nie nach Geld gefragt. Ich muss auf sie zugehen und sie darauf hinweisen, dass sie längst eine Gehaltserhöhung verdienen. Ich glaube, einer Frau fällt es schwerer, deutlich zu sagen: »Ich bin das doch wert.« Mich selbst kann ich da nicht ausnehmen. Mir ist vor Kurzem aufgefallen, dass ich auch sechs Jahre lang nicht nach mehr Geld gefragt hatte. Trotz all der Jahre in Führung möchte ich dann auch, dass mein Chef kommt und sagt: »Du machst das toll. Ich möchte dir jetzt gerne mehr Geld geben.« Ich denke, das hängt damit zusammen, dass es uns Frauen tendenziell schwerer fällt, Fakten und Gefühl zu trennen. Außerdem wollen wir immer gemocht werden. Dabei ertappe ich mich auch immer wieder. Selbst wenn ich merke, dass irgendjemand, den ich nicht mag, mich jetzt auch doof findet, dann fühlt sich das fürchterlich an. Ich hasse dieses Gefühl.

Es wird ja immer gesagt, Frauen könnten im Job besser organisieren – weil wir das mit den Kindern hinkriegen. Ein Kollege hat vor Kurzem in meinem Beisein einen Wutanfall gekriegt und meinte, er habe langsam die Schnauze voll von Männern. Alles, was er an Frauen abgebe, funktioniere besser: »Weil ihr die Kinder kriegt, wisst ihr, dass ihr nicht einfach gehen könnt – was wir Penner immer können: Das macht irgendwas mit euch. Euch ist klar: Es kommt auf euch an und ihr seid jetzt und für die nächsten zwanzig Jahre in der Bütt.« Das klingt toll. Ich wollte ihm auch nicht so richtig widersprechen. Auf der anderen Seite kenne ich auch Frauen, bei denen ich denke: Schaffst du es bitte wenigstens, dein Kind in die Kita zu bringen, ohne einen Nervenzusammenbruch zu kriegen?

Meine jüngste Tochter ist anderthalb Jahre. Sie wurde Ende November 2009 geboren und ich war im April darauf wieder hier. Ich habe einfach meinen angesparten Urlaub genommen. In der Redaktion haben alle super darauf reagiert. Es hatte ja niemand damit gerechnet, dass ich noch mal schwanger werde – ich am allerwenigsten. Es ist sehr positiv aufgenommen worden und wird auch immer als Beispiel dafür herangezogen, dass es funktionieren kann mit Führung und Kind.

Ich bin inzwischen »pro Quote« – und zwar nicht nur in öffentlichen Bereichen und in Aufsichtsräten. Denn ich glaube, dass wir die relevante Menge an Frauen in Führungspositionen brauchen und zwar schnell, weil wir dadurch wettbewerbsfähiger sein werden – nicht nur als Zeitung, sondern als Land. Mein Problem mit der Quote ist zwar, dass ich es ordnungspolitisch krank finde, in was sich der Staat in Deutschland alles einmischt. Eigentlich geht es den Staat nichts an, wie ein Unternehmen strukturiert ist. Wenn ich nur einbeinige Zwerge in meinem Unternehmen beschäftigen möchte, ist das meine Sache. Und wenn ich nur Frauen oder nur Männer oder nur Neunzigjährige anstellen wollte: Das wäre mein Ding. Gleichzeitig denke ich jetzt aber: Wenn dieser Staat uns an so vielen anderen unnützen Stellen reinpfuscht, dann kann er zur Abwechslung auch mal eine Sache machen, die ich inhaltlich richtig finde. Und deswegen bin ich eben doch für die Quote. Wenn diese Quote durchsetzbar wäre, dann würde sich, glaube ich, sehr, sehr viel in Deutschland ändern. Und nicht, weil Frauen bessere Menschen sind, sondern einfach weil sie einen anderen Blick aufs Leben haben als Männer.

*

Welches Verhältnis habe ich persönlich zu Macht? Sie kann mir großen Spaß machen, das habe ich schon erlebt. Gerade wenn es um Entscheidungen geht, bin ich mit dem Ergebnis oft am meisten zufrieden, wenn es nach meinem Willen läuft. Ich gebe gern mal den Ton an. Gleichzeitig habe ich meist ein schlechtes Gewissen dabei, wenn ich mal die »Bestimmerin« bin. Marion Horns Geschichte zeigt mir, dass ich in solchen Momenten ganz tief in die »Mädchenecke« rutsche. Das schlechte Gefühl könnte ich mir einfach sparen. Damit mache ich keine Karmapunkte gut, sondern schade mir am Ende nur selbst. Aber warum denke ich so: Wurde ich so erzogen, dass ich mich als »braves Mädchen« lieber zurückhalten muss? Vielleicht ja, aber daran muss man arbeiten können. Und die negativen Seiten aushalten lernen: Macht heißt, dass man sich von anderen abgrenzt, sich über sie erhebt und die eigenen Ziele durchsetzt. Als Führungskraft muss man seine Macht ausspielen, das ist Teil des Jobs. Umso besser, wenn Chefinnen wie Marion Horn Spaß daran finden. Sie gehen ja trotzdem – vielleicht wieder ganz Frau? – verantwortungsvoll damit um. Dieses Stichwort merke ich mir: Verantwortung. Macht ist eine Frage von Verantwortung, nicht von Schuld.

»Da müssen wir Rücksicht nehmen«

Die gutmütige Nachfolgerin

GUIDO KRÜGER (34) und HANS-JÜRGEN VACHOVEC (57),
Elektromonteure, Berlin, über ihre Chefin

Ich fahre auf eine Baustelle im Berliner Norden. Auf der
Suche nach einem mittelständischen Handwerksbetrieb,
der von einer Frau geführt wird, bin ich über drei Ecken
bei Frau Slischka-Pohlitz gelandet. Sie hat den Betrieb für
Elektroinstallationen von ihrem Vater übernommen – wie
so oft, wenn solche Firmen in Frauenhand liegen. Und sie
hat mich auf die Baustelle geschickt, auf der zwei ihrer
Mitarbeiter gerade im Einsatz sind.

Hans-Jürgen Vachovec: Fürs Handwerk muss man geboren sein, denke ich. Es gibt ein paar Frauen in der Branche, aber es ist noch selten. Bei den Malern und Lackierern, da sind schon länger Frauen dabei – aber sonst? Wir haben jetzt einen weiblichen Azubi in der Firma, die lernt Elektrikerin. Sie arbeitet mit einem Kollegen zusammen, aber nach dem, was wir so wissen, schlägt sie sich gut.

Guido Krüger: Wenn Frauen auf der Baustelle sind, ist auf jeden Fall die Atmosphäre anders, finde ich. Man redet anders, schon aus Anstand. Man passt automatisch mehr auf, was man sagt. Das ist jetzt keine Belastung, aber man überlegt einfach, was man dann sagt oder nicht. Es kommt natürlich auch auf den Typ Frau an. Bei manchen kann man auch mal ein Scherzchen machen, das lässt die eiskalt. Die sehen das nicht verbissen. Andere sind da pikiert. Das muss man aber respektieren.

Hans-Jürgen Vachovec: Dass Frauen körperlich nicht so schwer arbeiten können, ist klar. Da müssen wir dann schon Rücksicht nehmen. Wenn zum Beispiel Kabel gezogen werden, das ist sehr anstrengend. Manchmal hat man da mehrere Meter in der Hand und wenn eine Frau dazwischen ist, kann sie halt nicht so viel nehmen. Dann muss man ein bisschen umdenken. Aber das finde ich nicht schlimm. Und das trifft ja jetzt auch nicht auf unsere Chefin zu, die arbeitet ja nicht aktiv mit auf der Baustelle, lässt sich schon mal da sehen, aber ihr Bereich ist hauptsächlich das Büro.

Guido Krüger: Ich denke mal, es gibt sowohl männliche als auch weibliche gute und schlechte Chefs. Das kann man nicht über einen Kamm scheren. Unsere Firma ist ein Familienbetrieb, Frau Slischka-Pohlitz hat ihn vor vier Jahren von ihrem Vater übernommen. Er ist inzwischen Rentner, aber er packt noch mit an. Es gibt ja viel zu tun und er macht das eigentlich auch gerne, denke ich. Er hat es ja sein ganzes Leben lang gemacht.

Hans-Jürgen Vachovec: Ich selbst bin sechs Jahre dabei. Durch den Wechsel in der Führung hat sich gar nicht so viel geändert in der Firma, finde ich. Es ist eigentlich noch viel Einfluss vom

Vater da – vom Fachlichen her –, er bringt sich noch sehr stark mit ein. Obwohl sie natürlich auch Bescheid weiß, sie ist gelernte Elektrikerin. Ihr Vater ist ein bisschen ruhiger – abgebrühter vielleicht. Er hat einfach mehr Erfahrung. Ich sag mal, dadurch hat er breitere Schultern. Er fängt alles besser ab. Ich weiß nicht, ob man das lernen kann.

Wenn sie irgendwo unsicher ist, fragt sie lieber ihn, bevor sie es allein entscheidet. Das würde ich vielleicht auch machen, klar, wenn ich weiß: Da ist einer, der hat die Erfahrung – den frage ich mal nach seiner Meinung. Das macht man ja unter den Kollegen auch. Wenn eine Aufgabe ein bisschen knifflig ist, fragt man: »Was würdest du dazu sagen?« Manchmal funkt ihr Vater unserer Chefin auch rein, das kommt schon mal vor. Dann macht er Termine und sie macht auch Termine und wenn sie sich dann nicht untereinander absprechen, ist das natürlich Käse.

Hans-Jürgen Vachovec: Die technischen Sachen, da sprechen wir oft mit Herrn Slischka drüber. Die Chefin kümmert sich mehr ums Büro, um die kaufmännischen Angelegenheiten. Sie muss Angebote raussuchen, Preise vergleichen, Kostenvoranschläge einholen und herausfinden, wo man welches Material zu einem günstigen Preis kriegt – dann kann man ja auch dem Kunden einen besseren Preis machen und die Chance ist höher, dass man den Auftrag kriegt. Aber ich kann mir vorstellen, dass das gar nicht so einfach ist.

Sie ist morgens oft noch nicht im Büro, wenn wir schon arbeiten, aber dann ist sie auf dem Handy erreichbar. Wir fangen um sieben an, sie kommt eine Stunde später. Das ist in Ordnung. Sie bleibt auch abends oft länger, wenn viel zu tun ist, das rechne ich ihr hoch an. Sie gibt viel für das Unternehmen.

Wir haben vor allem immer dann mit ihr zu tun, wenn die Bauphase vorbei ist und die Übergabeunterlagen zusammengestellt werden müssen. Sie ist für das Organisatorische zuständig. Wie macht sie das? Na ja, anders halt. Anders, ja. Sie ist ein bisschen durcheinander manchmal. Das sagt sie auch selbst. Sie hat es zwar insgesamt schon alles im Griff und da kommt ja auch eine Menge zusammen, weil wir meist mehrere Baustellen auf einmal betreuen. Aber da kommt es schon mal vor, dass sie durcheinander kommt, denn einer braucht das und das, da ist jemand am Telefon und dann ruft im nächsten Moment der Nächste an – und sie hat sich noch nicht aufgeschrieben, was sie mit dem ersten Anrufer besprochen hat, und dann fehlt schon mal was. Da geht mal ein Termin unter oder ein Werkzeug fehlt. Das kann vielleicht auch damit zusammenhängen, dass sie zwei schulpflichtige Kinder hat. Um die muss sie sich ja auch kümmern. Ich kann mir gut vorstellen, dass das nicht so einfach ist. Ihr Mann ist auch berufstätig, ich weiß nicht, ob er ihr was abnehmen kann.

Guido Krüger: Man vergisst ja mal Sachen, klar. Wenn wir zum Beispiel was vergessen, dann drückt sie vielleicht auch mal ein Auge zu. Aber sie könnte einfach etwas konzentrierter sein. Dann würde noch mehr klappen. Andererseits waren wir Mitarbeiter vor Kurzem auch alle mal für ein paar Tage nur im Büro, um dort technische Büroarbeit zu erledigen. Das war anstrengend, laufend klingelt das Telefon und man wird abgelenkt. Ich geh lieber auf die Baustelle.

Hans-Jürgen Vachovec: Menschlich ist sie total in Ordnung. Sie ist keine zu strenge Chefin oder so. Ich würde sagen, sie ist sehr gutmütig. Klar, manchmal ist sie auch nicht so nett, aber, okay, das gehört halt zu einer Chefin dazu. Wenn Termindruck herrscht, zum Beispiel, das merkt man dann schon. Oder manchmal fehlen Maschinen auf einer Baustelle. Das machen wir eigentlich unter uns aus, wie wir die tauschen zwischen den einzelnen Baustellen. Aber wenn das mal nicht so klappt, meckert sie rum, was ich ja auch verstehen kann. Oder wenn mal was kaputtgeht: Vor Kurzem ist da mal so was passiert, ein Werkzeug war futsch, die Monteure haben nicht sofort Bescheid gesagt, dann hätte es gleich ersetzt werden können. So fehlte es auf der nächsten Baustelle und da war sie natürlich grantig.

Guido Krüger: Ich denke, Frauen sind hartnäckiger in Verhandlungen. Es ist jetzt nicht unbedingt so, dass sie die besseren Preise raushandeln – das wissen wir nicht, da haben wir keinen Einblick. Aber sie sind bei solchen Sachen halt mehr hinterher. Männer sind immer mehr so nach dem Motto: Kriegen wir schon hin! Sie treffen Absprachen auch immer noch per Handschlag. Frauen sind da akribischer und machen alles schriftlich fest. Weil sie wissen: Schriftlich ist auf jeden Fall besser. Ein gesprochenes Wort kann man ja nicht mehr nachweisen. Aber es kommt dann auch selten vor, dass die mündlichen Absprachen nicht eingehalten werden. Man könnte sich theoretisch also darauf verlassen, aber rechtlich hätte man keine Handhabe. Also ist es besser, alles schriftlich zu haben, und Frauen sind da mehr hinterher, die wollen immer auf der sicheren Seite sein.

Hans-Jürgen Vachovec: Ich glaube, wenn es darum geht, Entscheidungen zu treffen, sind Männer mutiger. Unsere Chefin kann sich aber auch durchsetzen. Wir respektieren sie.

Guido Krüger: Schön finde ich – aber das wäre beim Mann vielleicht auch so –, wenn eine Baustelle fertig ist und es ist gut gelaufen, dann sind wir auch mal anschließend gemeinsam essen gegangen oder zum Bowling oder sie gibt zwischendurch spontan ein Eis aus. Sie ist immer sehr nett. Klar, wenn man vielleicht dreimal was nicht gemacht hat, was sie einem aufgetragen hat, dann kann sie natürlich auch anders werden.

Hans-Jürgen Vachovec: Aber es ist auf jeden Fall ein sehr familiärer Betrieb. Da spürt man einen guten Zusammenhalt, es ist wie eine große Familie.

*

Der Vater zieht im Hintergrund noch die Fäden, aber Frau Slischka-Pohlitz greift auch gern auf sein Fachwissen zurück. Es wird für sie nicht ganz leicht sein, sich hier zu emanzipieren. Aber für die

Mitarbeiter ist sie in jedem Fall »die Chefin«, die respektieren sie vollkommen. Die Einschätzung, dass Frauen Abmachungen eher schriftlich festhalten, überrascht mich. Was mich daran verwundert, ist, dass es offenbar noch Männer gibt, die das nicht tun. Ich dachte, der Vertrag per Handschlag sei längst ausgestorben. Gelten »unter Männern« vielleicht immer noch andere Gesetze? Nun, sie werden schon damit klarkommen, wenn sich das ändert.

»Frauen sind schneller«

Der aufmerksame Workaholic

MANUELA LASOWITZ (26),[*] Sekretärin in einer
Anwaltskanzlei, München, über ihre Chefin

Eine sehr elegant eingerichtete Kanzlei nahe dem Eng-
lischen Garten in München: Ich treffe eine sympathische
junge Frau, die mir von ihrer Chefin erzählen möchte.
Es ist das kürzeste Interview, das ich für dieses Buch
führe. Aber nicht, weil Manuela wenig zu sagen hat,
sondern weil sie fast schneller spricht, als mein Band
mitschneiden kann. Sie denkt auch schnell, formuliert
dabei aber immer klar und durchdacht. Später wird sie
mir erzählen, dass sie genau diese Eigenschaft auch bei
anderen Frauen erkennt und schätzt.

[*] Name geändert

Für mich sind Frauen die besseren Chefs. Frau Grabe ist meine erste Chefin. Vorher habe ich für drei männliche Vorgesetzte gearbeitet und jetzt bin ich auch nicht nur ihr allein, sondern noch einem Mann unterstellt. Ich muss sagen: Es ist einfacher, für Frau Grabe zu arbeiten. Ich kann gar nicht so genau sagen, warum das so ist. Es liegt natürlich vor allem an der Persönlichkeit und mit ihr komme ich einfach super klar. Mit meinem Chef auch, aber irgendwie ist es doch etwas anderes.

Man sagt ja oft, dass Frauen im Job gründlicher sind. Das trifft auf meine Chefin zu. Ihre Arbeit möchte sie hundertprozentig machen. Wenn sie etwas zugearbeitet bekommt, schaut sie es sich immer noch einmal sehr genau an und überarbeitet es gründlich, bis es exakt so ist, wie sie es haben möchte. Es wird nicht einfach rausgeschickt, nur damit es fertig ist. Wenn es sein muss, schiebt sie sogar eine Nachtschicht. Bei Männern habe ich solches Verhalten selten erlebt. Sie sind zum Teil einfach froh, wenn ein Manuskript fertig ist, lesen es durch und ab und zu gibt es vielleicht noch eine Rückfrage. So ist zumindest meine Erfahrung.

Frau Grabe ist sehr korrekt, schaut sich alles ganz genau an. Das kostet sie natürlich viel Zeit. Manchmal sind es Stunden, die sie nicht abrechnen kann, wenn sie zum Beispiel Rechnungen an Mandanten schickt. Aber es ist natürlich gut, wenn die Arbeit gründlich gemacht wird und dann vom Tisch ist. Und das ist ihr wichtig, weil sie die Verantwortung dafür hat und sehen möchte, ob alles richtig ist, ob sie den Mandanten dieses Papier in dieser Form schicken kann oder ob es noch einmal überarbeitet werden muss.

Der Preis für ihr Engagement ist, dass Frau Grabe sehr viel und sehr lange arbeitet. Ich selbst komme um 7:30 Uhr ins Büro, arbeite zwei Tage die Woche bis 15:30 Uhr und drei Tage bis 17 Uhr. Frau Grabe bleibt wesentlich länger. Bis 21 Uhr ist sie so gut wie immer da. Oft wird es aber auch später. Wenn es große Projekte gibt, durchaus Mitternacht, ein Uhr oder sogar zwei Uhr. Das kommt vor. Aber sie möchte ihre Sachen fertig haben. Sie ist sehr zuverlässig und hält ihre Fristen ein. Dass sie eine Fristverlängerung verlangen würde – das kenne ich von ihr nicht. Sie schafft alles pünktlich.

Ich würde nie mit meiner Chefin tauschen wollen. Ich bin mit meinen Arbeitszeiten zufrieden und möchte auf keinen Fall ihre Verantwortung haben. Das sind unter anderem auch Themen, über die wir uns im Sekretariat manchmal unterhalten. Nein, ihr Job wäre nichts für mich. Das könnte auch das Geld nicht aufwiegen.

Früher wurden Sekretärinnen ja oft »Tippsen« genannt und waren vor allem dafür zuständig, Diktate entgegenzunehmen. Das ist längst Vergangenheit. Mein Beruf ist sehr vielfältig. Man kann eigentlich gar nicht alles aufzählen, was wir den ganzen Tag machen. Meine Aufgabe ist es vor allem, meine Chefin zu unterstützen. Dazu gehört, dass ich ihre Termine verwalte, ich sortiere und pflege Akten, erinnere sie an Dinge wie Reisen, Termine und Fristen, die sie beachten muss. Ich erledige aber auch Schreibarbeiten und entwerfe Anschreiben oder E-Mails, die ich den Anwälten schicke. Wenn etwas noch nicht erledigt wurde, muss ich nachhaken. Ich sortiere alles nach wichtigeren und unwichtigeren Angelegenheiten. Wenn meine Chefin mal nicht da ist, bearbeite ich ihre E-Mails oder leite sie an den entsprechenden Sachbearbeiter weiter. Oder ich versuche, sie zu erreichen, wenn es sein muss. Mal ist richtig viel zu tun, zum Beispiel wenn zum Monatsende die ganzen Rechnungen anfallen, oder wenn schwierige Aufgaben zu lösen sind, die etwas länger dauern. Es gibt aber auch Phasen, da ist es ruhiger.

Als ich in der Kanzlei angefangen habe, war meine Chefin als Anwältin angestellt. Mittlerweile ist sie Partnerin. Als Partnerin muss sie viel mehr arbeiten, hat mehr Aufgaben und trägt mehr Verantwortung. Es sind mehr Papierkram und Personalsachen dazugekommen. Ich habe mit der Zeit natürlich auch ein Gespür dafür entwickelt, wann ich sie mit meinen Anliegen behelligen kann: Ich merke ganz genau, wenn ich reingehe und ihr Arbeit vorlege, ob dafür gerade ein guter Zeitpunkt ist oder nicht. Wenn sie nicht mal aufschaut, weiß ich, dass sie dafür gerade keine Zeit hat. Dann ist das so, darauf stelle ich mich ein.

Das enorme Arbeitspensum sorgt dafür, dass sie manchmal ganz schön unter Druck steht. Es gibt Tage, da sehe ich Frau Grabe gar nicht und stecke nur kurz den Kopf in ihr Büro, um mich zu verabschieden. Wenn sie an umfangreicheren Aufgaben sitzt, arbeitet sie manchmal tagelang alleine vor sich hin. Wenn sie damit durch ist, hat sich natürlich einiges andere angestaut. Dann gehe ich alle paar Stunden rein und sie arbeitet die Sachen ab, die ich ihr vorlege. Wenn ich zehn Anrufe am Tag durchstelle, dann kommt beim achten Anruf auch mal ein leicht genervtes »Jaaa« von ihr. Aber ich weiß, dass das mir gegenüber nicht persönlich gemeint ist.

Frau Grabe schafft ihr Pensum, denn sie ist sehr gut organisiert. Das kenne ich von männlichen Vorgesetzten anders. Bei meinem jetzigen Chef zum Beispiel passiert es schon mal, dass fast ein Termin untergeht, weil er ihn mir nicht weitergeleitet hat. Ich habe ihn bereits mehrere Male gebeten, darauf zu achten, dass er mir Terminanfragen übermittelt. Denn man hat nicht immer die Zeit nachzufragen, ob neue Termine reingekommen sind. Und wenn ich von einem Termin nichts weiß, kann ich meinen Chef auch nicht daran erinnern und auch keine Reise buchen. Dann geht das mal unter und das Problem ist da: »Ach, das habe ich nicht weitergegeben?« – »Ja, jetzt haben wir noch nicht mal einen Flug.« Das ist natürlich nicht gut. Es ist – zum Glück! – noch nie etwas schiefgegangen, aber da sieht man schon einen Unterschied, wer solche Sachen ernster nimmt oder eher nicht so.

Wenn richtig viel zu tun ist – es ist Monatsende und ich muss meiner Chefin trotzdem unsere »ekligen« Abrechnungslisten reinlegen –, weiß ich genau, das gefällt ihr nicht. Manchmal krame ich die Rechnungsmappe von unten aus dem Eingangskorb und lege sie immer wieder nach ganz oben. Irgendwann packe ich sie Frau Grabe morgens direkt auf den Tisch. Dann lächelt sie und sagt: »Sie sind ja auch ganz schön hartnäckig. Aber das ist gut so. Ich muss es ja machen. Danke!« Wenn ich merke, es sind Rechnungen, die noch nicht so dringend sind, dann erinnere ich sie im nächsten Monat erneut. Bei dringenden Angelegenheiten frage ich lieber nach drei Tagen noch einmal nach, ob sie es wirklich nicht abrechnen möchte.

Ich denke, dass Frauen im Job strukturierter sind und ein besseres Gespür für das Zwischenmenschliche haben. Ich würde ja auch fast sagen, Frauen sind toleranter, aber mein Chef ist eigentlich auch tolerant. Frauen sind auch schneller. Das sehe ich vielleicht nur so, weil ich selbst sehr fix bin, Aufgaben immer ziemlich rasch erledige und auch zum Beispiel schnell spreche. Aber sie bewegen sich schon anders, finde ich. Und denken meist einen Schritt weiter, wenn die anderen nur fragen: Oh, wo bist du denn jetzt?

Ich würde sagen, ich selbst bin auch »typisch Frau« im Job: Ich bin gut organisiert, meine Akten sind ordentlich sortiert. Ich weiß, was ich machen muss und wann. Ich kann gut Prioritäten setzen. Prioritäten setzen: Das ist vielleicht auch noch eine Stärke von Frauen. Meine Chefin hat meist viele wichtige Angelegenheiten gleichzeitig zu erledigen. Ich denke, da behält sie sehr gut den Überblick und verzettelt sich nicht.

Nicht nur für meine Chefin ist aber mit dem Aufstieg mehr Arbeit dazugekommen, sondern auch für mich. Und als Chef hat man wahrscheinlich immer das Gefühl – gerade, wenn man im Urlaub ist –, dass die Sekretärinnen in der Zeit nur dasitzen und nichts zu tun haben. Aber wir haben definitiv genug zu tun: Es gibt immer irgendwas aufzuräumen, Akten müssen weggelegt werden, weil die Schränke zu voll und die Mandate abgeschlossen sind. Es gibt immer Rechnungen vorzubereiten und außerdem vertritt und hilft man sich innerhalb des Sekretariats.

Die Männer, die ich als Chefs hatte, waren in ihrer Arbeitsweise etwas »wirrer« und schon die Art und Weise, in der sie ihre eigene Arbeit aufteilen und Anweisungen geben, unterscheidet sich doch sehr von der meiner Chefin. Manchmal verstehe ich gar nicht so richtig, was sie von mir wollen. Außerdem merkt man meinem Chef meistens an, wenn er gestresst ist: Er macht eigentlich sehr viele Sachen alleine, aber wenn ihm etwas nicht gefällt oder er gerade keine Zeit dafür hat, dann kann es gut passieren, dass ich es übergeworfen kriege. Manchmal ist es so, dass er unterwegs ist, eine Anfrage bekommen hat, sie einfach per E-Mail an mich weiterleitet und fragt, ob ich mich darum kümmern kann. Dies könnte er meiner Meinung nach auch noch erledigen, wenn er wieder im Büro ist. Aber es ist natürlich einfacher, wenn die Sekretärin das schon fertig hat. Meistens gibt es jedoch auch ein Dankeschön dafür.

Von Frau Grabe kenne ich solche Sachen trotzdem nicht. Sie weiß, was meine Aufgaben sind. Oder sie fragt mich, ob ich eine Sache für sie erledigen kann. Sie schickt mir dann zum Beispiel eine Mail, in der sie fragt, ob ich etwas vorbereiten oder erledigen kann. Ich könnte das doch … – mit einem Fragezeichen und dem Angebot, es andernfalls an jemand anderen abzugeben. Dann kann ich sagen: »Ja, mache ich!« Oder eben: »Tut mir leid, nein.« Die E-Mails sind immer nett formuliert, sie ist immer höflich. Da gibt es ganz andere Leute in der Firma, die nur »Ausdruck« in die Betreffzeile schreiben. Bei so was fühlt man sich natürlich nicht besonders wertgeschätzt. Und mit jemandem, der immer so ist, könnte ich nicht zusammenarbeiten. Früher musste ich oft eine Kollegin vertreten, deren Chef ein ziemlicher Choleriker ist. Das war ganz schön hart und ich war froh, wenn die Vertretungszeit vorüber war. Dieser Chef ist mir zu »wuschig« und weiß gar nicht, was er will. Eine Woche so, eine Woche so. Wenn ich immer für so einen Chef arbeiten müsste, würde ich die Firma wechseln.

Frau Grabe respektiert auch meine Arbeitszeiten, ich darf pünktlich gehen. Dafür weiß sie, dass sie sich auf mich verlassen kann. Ich bin immer da, bin zuverlässig. In den zehn Jahren, die ich hier in der Firma arbeite, war ich insgesamt vielleicht zwei Wochen krank. Dass ich so gut mit meiner Chefin und meinen Kolleginnen auskomme, sorgt dafür, dass ich gerne zur Arbeit komme. Ich fühle mich hier wohl und gut aufgehoben. Der Job macht mir Spaß. Es ist natürlich auch schön, gelobt zu werden, und das macht meine Chefin schon mal. Mein Chef, der bedankt sich auch ab und zu. Aber wenn, dann oft für eher triviale Sachen, sodass ich denke: Hm, das war jetzt wirklich keine Leistung. Bei Frau Grabe merkt man, dass sie sich die Dinge, die ich erledige, auch anschaut, und wenn sie sie gut findet, dann sagt sie das auch.

Im Sekretariat sitzen wir zu viert – vier Frauen. Das ist super so, ein Mann würde da gar nicht reinpassen. Ich finde es angenehm, dass man privat quatschen kann. Ich komme mit meinen Kolleginnen sehr gut klar. Mit der einen setze ich mich zum Beispiel zum Frühstück zusammen. Und wenn ich mal eine rauchen gehe, kommt die andere mit raus, auch wenn sie selbst gar nicht raucht. Wir tauschen uns gemeinsam über die Chefs aus, ärgern uns oder reden über Privates. Natürlich gibt es auch Tage mit Frau Grabe, da denke ich: Oh nein, das geht heute gar nicht. Dann komme ich zu meinen Kolleginnen ins Zimmer, sage einmal »puh« und sie verstehen gleich, wie man sich fühlt. Wir Frauen im Sekretariat müssten lernen, unsere Emotionalität im Job besser ausschalten zu können. Das ist wirklich eine Schwäche, dass wir zu schnell alles persönlich nehmen.

Meine drei Kolleginnen sind der Meinung, dass sie auf keinen Fall für eine Frau arbeiten wollen, weil sie da Zickereien erwarten. Ich kenne auch sonst einige Leute, die noch keine Chefin hatten, es sich aber trotzdem überhaupt nicht vorstellen können, weil sie einfach sagen: »Mein Gott, die wäre mir viel zu zickig.« Dieses Vorurteil gibt es immer noch. Meine Chefin ist nicht zickig. Und zu einer Frau hat man als Frau doch einfach eine andere Beziehung: Man kann auch über persönliche Sachen reden, über private Dinge. Meine Chefin hat jedenfalls immer ein offenes Ohr. Was nicht bedeutet, dass wir uns ständig privat unterhalten. Gerade wenn sie sehr viel zu tun hat, kommt das eher selten vor. Aber wenn sie merkt, der Schuh drückt irgendwo, dann spricht sie mich auch darauf an. Wenn sie gemerkt hat, dass es mir nicht so gut ging oder dass irgendwas war, dann hat sie mich auch schon mal zum Essen eingeladen und wir haben in Ruhe darüber gesprochen. Dass sie dann auch mal von selbst auf mich zukommt, finde ich toll. Es zeigt, dass ihr wichtig ist, dass wir ein gutes Verhältnis haben.

Einen Unterschied zwischen männlichen und weiblichen Chefs sehe ich übrigens auch in der Auswahl der Geburtstagsgeschenke für das Sekretariat. Ich sehe, wie viel Mühe sich Frau Grabe mit Geschenken gibt: Sie hat immer etwas Persönliches für mich ausgesucht. Dadurch, dass wir uns eben auch mal ab und zu unterhalten oder auch mal zusammen eine Zigarette rauchen, weiß sie, wofür ich mich interessiere.

Einmal kam ich aus dem Urlaub wieder und habe eine Kollegin gefragt, was der Chef ihr zu ihrem Geburtstag geschenkt hat: »Ein Buch«, meinte sie und war etwas enttäuscht. »Eigentlich muss er doch langsam wissen, dass ich nicht gerne lese …« Daran merkt man auf jeden Fall, dass eine Frau einfühlsamer ist. Und aufmerksamer – dass sie sich Dinge besser merkt. Meine Chefin hat mir zum Beispiel vor ein paar Jahren Pflanzen für meinen Balkon geschenkt, weil wir uns vorher darüber unterhalten hatten, dass ich den noch gar nicht bepflanzt hatte. Darüber habe ich mich sehr gefreut. Das sind solche Aufmerksamkeiten, die die Zusammenarbeit einfach angenehmer machen.

*

Frauen hören zu – auch wenn es »nur« die Sekretärin ist, mit der sie sprechen. Das mache ich auch so. Gerade durch meine Arbeit als freie Journalistin weiß ich, dass eben gerade nicht die mit dem schicksten Anzug und der größten Aktentasche die spannendsten Menschen mit den interessantesten Geschichten sind. Ich glaube, das zeugt davon, dass Frauen anderen gegenüber eher aufgeschlossen sind, egal ob diese für sie »wichtig« sind beziehungsweise sein könnten, oder nicht. Frau Grabe sagt mir nach dem Interview mit Manuela noch, wie sehr sie deren Arbeit zu schätzen weiß. »Sie macht nie Fehler«, lobt sie. Man spürt, dass dieser Chefin bewusst ist, was sie an ihrer Mitarbeiterin hat. Mich beeindruckt, wie sehr Manuela das motiviert. Wenn Vorgesetzte aufmerksam sind und ihre Mitarbeiter ernst nehmen, erzeugen sie also ganz nebenbei ein angenehmeres und damit sicher produktiveres Arbeitsklima. Und vielleicht können Frauen das einfach besser?

»Wir sind Freundinnen«

Die sympathische Verbündete

MARGARETHE WAUER (39),* Angestellte in einem
Schreibwarengeschäft, Dresden, über ihre Chefin

Kann man mit Freunden zusammenarbeiten? Ich bin da
skeptisch, weil ich denke, dass dann schnell persönliche
Konflikte dort hineingetragen werden, wo sie nichts zu
suchen haben. Meine nächste Interviewpartnerin wird
mir sagen können, ob es wirklich so ist. Eine gute
Freundin von ihr ist im Büro nicht nur eine Kollegin –
sondern sogar ihre Chefin.

*   Name geändert

Ich kenne Anna bestimmt schon 15 Jahre. Wir sind gute Freundinnen und arbeiten seit sechs Jahren zusammen. Wir haben zusammen studiert, fünf Jahre zusammengewohnt und dann hat sie ihr erstes Kind bekommen, ihr Studium beendet und den Laden übernommen. Das war vor acht Jahren, da war ich noch nicht mit dem Studium fertig und habe viel gejobbt, auch ab und zu im Geschäft ausgeholfen. Es war noch recht klein damals, Anna hat alles allein gemacht. Und sie war dann ganz froh, wenn sie mal einen Nachmittag frei nehmen konnte.

Als ich mit dem Studium fertig wurde, hat Anna gerade ihr zweites Kind bekommen und brauchte jemanden, der den Laden für ein Jahr führen konnte. Sie brauchte jemanden, dem sie vertrauen konnte, und für mich hat es gut gepasst. Also habe ich das gemacht. Ich war sozusagen mal ein Jahr lang selbst die Chefin. Also auch nicht wirklich, denn letztlich habe ich nicht alles allein entschieden, sondern Anna bei allen wichtigen Angelegenheiten konsultiert. Es gibt ja ein klares Konzept und man muss ganz genau schauen, was passt. Aber Anna und ich sind uns eigentlich immer einig gewesen und sind es bei den wichtigen Entscheidungen bis heute. Es gab nie größere Sachen, bei denen ich anders entschieden hätte als sie oder umgekehrt.

Ich bin angestellt, das ist nicht mein Laden. Anna hat die Oberhand. Das war immer klar und es ist gut so. Weil es in so einem Rahmen gut ist, dass jemand den Hut aufhat. Dass einer entscheidet. Und dass immer klar ist: Eine Person hat das letzte Wort. Für mich ist das völlig in Ordnung. Es fühlt sich nicht so an, als hätte ich keinen Freiraum. Und genau deshalb komme ich wunderbar damit zurecht, dass hintenraus Anna das Sagen hat.

Als sie aus der Elternzeit wiederkam, war ziemlich schnell klar, dass es für uns beide trägt. Also haben wir zu zweit weitergemacht. Die Arbeit wurde immer mehr. Wir haben Firmenkunden beliefert mit großen Bestellungen und dann kam noch der Onlineshop dazu. Und wir saßen da im Hinterzimmer des Ladens, haben zu zweit in einem Zehn-Quadratmeter-Raum an einem Schreibtisch gearbeitet. Man konnte eigentlich den Laden nebenher überhaupt nicht mehr betreiben, sodass irgendwann die Idee aufkam: Wir müssen jetzt mal ein Büro mieten und wir brauchen auch noch jemanden, der uns Arbeit abnimmt.

Wir kamen einfach nicht dazu, weitere Ideen zu entwickeln und Projekte zu verwirklichen. Es war also wichtig, noch jemanden zu haben, der uns viel von dem ganzen Operativen abnehmen könnte. Und das hat auch erstaunlich gut geklappt. Inzwischen ist es so, dass Anna und ich maximal einen Tag in der Woche im Laden sind und ansonsten haben wir da Aushilfen und arbeiten zu dritt im Büro. Ich kümmere mich um die Großkunden, Daniela macht den Onlineshop und Anna macht die ganzen Rechnungen. Das hat sich so ergeben, nach unseren Interessen. Anna und Daniela haben beide zwei Kinder. Deshalb arbeiten sie nicht Vollzeit. Meine Stundenzahl wurde gerade auch etwas gekürzt – statt einer Gehaltserhöhung möchte ich lieber etwas weniger arbeiten.

Ich bin angestellt, bekomme ein festes Gehalt und werde am Gewinn beteiligt. Das ist ein zusätzlicher Anreiz. Es gab eine Zeit lang auch die Idee, dass ich Miteigentümerin werde, aber es war am Ende für mich nicht attraktiv. Ich hätte mich in den Laden einkaufen und einen Kredit aufnehmen müssen. Das ist einfach nicht meine Welt, ich scheue mich vor so was.

Ich habe überlegt, was mir fehlt, und es ist diese Entscheidungsfähigkeit. Einfach mal zu sagen: »So, wir machen das jetzt.« In dem Jahr, in dem ich Anna im Laden vertreten habe, da war das noch ganz anders. Da bin ich sehr locker an die Dinge herangegangen, war viel lässiger als Anna. Wenn da ein großer Auftrag kam mit mehreren Hundert Notizbüchern – da hat sie geschluckt und gesagt: »Oh Gott, wenn irgendwas schiefgeht, dann hänge ich auf den Kosten.« Aber ich habe gesagt: »Natürlich machen wir das.« Ich hatte ja auch nicht die Verantwortung. Wenn es nicht geklappt hätte, dann hätte es halt nicht geklappt. Die möglichen

Konsequenzen habe ich nie so deutlich gesehen. Deshalb war ich da immer viel draufgängerischer. Und das hat dem Laden vielleicht in der Zeit auch ganz gutgetan.

Heute bin ich anders. Da bin ich eher die Vorsichtigere von uns beiden. Es ist fast, als hätten wir die Rollen getauscht. Der Laden ist jetzt ja viel größer und inzwischen ist mir bewusst, was alles dahintersteckt. Ich habe großen Respekt davor entwickelt. Heute ist es so: Bevor ich mich entscheide, irgendwas zu machen, überlege ich gründlich und habe häufig erst mal Bedenken. Damit bremse ich Anna auch, wenn sie neue Ideen hat. Aber durchaus im Positiven: Es gab schon Sachen, bei denen ich gesagt habe, dass ich nicht daran glaube, dass es ein Erfolg wird – und dann stellte sich später heraus, dass es wirklich nicht geklappt hätte. Ich kann meine Meinung sagen und die wird auch gehört. Und wenn ich wirklich Bedenken habe, dann haben die auch schon Hand und Fuß. Und bei den meisten Entscheidungen sind wir uns einig. Wir sind von der Art, wie wir mit den Dingen umgehen, sehr unterschiedlich. Da ergänzen wir einander sehr gut.

Das Angenehmste an Anna als Chefin ist, dass sie eigentlich nicht Chefin sein will – also nicht auf die autoritäre Art, in diesem unangenehmen »Ich habe jetzt hier das Sagen«-Stil. Sie ist nicht Chefin, weil ihr Ehrgeiz so riesig ist oder sie Macht will. Sondern sie ist da hineingewachsen. Ich hatte schon ganz andere Chefinnen, die so auf ihren persönlichen Erfolg aus waren und so getrieben von Ehrgeiz, dass sie den Druck, der dadurch entstanden ist, an die Mitarbeiter weitergegeben haben. Diese Frauen wollten immer zeigen, dass sie es sind, die Ansagen machen, und sie waren der Meinung, dass der Laden nur läuft, wenn man einen gewissen autoritären Stil fährt. Bei Anna funktioniert es ganz anders. Das läuft eher kooperativ, würde ich sagen. Das macht sie schon sehr gut.

Sie kontrolliert uns auch nicht. Manchmal, wenn ich im Urlaub bin, dann sagt sie danach schon, dass ich meine Sachen mal besser dokumentieren sollte. Wenn ich einen Bereich allein verantworte und da alles selbst mache, dann muss ich die Dinge für mich ja nicht festhalten. Ich weiß ja, was ich mache. Das ist dann natürlich auch blöd. Aber sonst muss sie keine Kontrolle ausüben. Es ist nicht nötig. Und ich glaube, da hätte sie auch keine Lust zu. Das ist halt auch nicht ihr Stil.

Da wir befreundet sind, alle drei, wissen wir auch immer ziemlich genau, was bei den anderen privat gerade so los ist. Und dann ist da auch ein ganz anderer Zusammenhalt untereinander. Wenn irgendwas ist, dann meint Anna schon mal: »Bleib doch einen Tag zu Hause!« Oder wenn vielleicht gerade wenig zu tun ist, kann man selbst sagen: »Ich komme morgen später!« oder »Ich mache mal einen Tag frei.« Und dann ist Anna die Erste, die Verständnis dafür hat. Weil sie es genauso machen würde. Nun nutzen wir das natürlich nicht aus und machen einfach blau. Der Laden läuft ja gut, da kann man entspannt sein – das muss man natürlich auch sehen.

Ich habe aber nie das Gefühl, ich muss hier wie ein Roboter funktionieren. Anna lässt den Leuten, die für sie arbeiten, sehr viel Freiheit. Schließlich war das für sie auch ein Grund, sich selbstständig zu machen. Sie hatte schlichtweg keine Lust, irgendwo angestellt zu sein, wollte nicht fremdbestimmt sein und vor allem wollte sie selbst auch die Freiheit haben, zum Beispiel ihre Arbeitszeiten flexibel zu gestalten.

Da steckt die Idee von klassischer Work-Life-Balance dahinter. Unser Job ist das Eine, aber wir haben auch ein Privatleben und wir ziehen aus unserer Arbeit nicht so wahnsinnig viel Identität. Wir nehmen das sehr ernst und machen den Job unheimlich gern, das ist nicht die Frage. Aber wir genießen auch die Freiheit, die die Firma uns ermöglicht. Wir wissen das zu schätzen. Vielleicht würden Männer anders damit umgehen. Sie identifizieren sich vielleicht häufiger mit dem Job und definieren sich darüber. In gewisser Hinsicht tue ich das natürlich auch, also ich identifiziere mich damit, in einem Laden zu arbeiten.

Ich habe mich mal mit einem Manager über den Unterschied zwischen Bestätigungs- und Erfüllungskarriere unterhalten. Ich denke, dass Männer eher Bestätigung suchen, dass sie deshalb immer mehr verdienen, immer mehr leisten, immer mehr Anerkennung bekommen wollen. Ihnen ist es weniger wichtig, etwas zu tun, was sie wirklich ausfüllt. Uns füllt die Art und Weise aus, wie wir arbeiten.

Es hat etwas sehr Familiäres, was wir da machen. Ich würde Anna auch fast als so etwas wie eine Schwester bezeichnen. Ich finde das sehr angenehm, dass ich in meinem Job nicht darauf achten muss, was ich erzählen kann, weil es mir vielleicht negativ ausgelegt werden könnte. Der Laden hat uns noch näher zusammengebracht und natürlich sehr geprägt. Obwohl wir uns jeden Tag bei der Arbeit sehen, treffen wir uns auch noch privat. Da gibt es Phasen, in denen arbeiten wir tagsüber zusammen und sehen uns abends trotzdem häufig. Dann gibt es wieder Phasen, da sehen wir uns gar nicht so oft. Das ist ganz unterschiedlich, wie es halt in Freundschaften normal ist. Mal sieht man sich mehr, mal weniger. Im Büro tauschen wir uns jetzt auch nicht ständig über private Dinge aus. Bei Anna ist ja auch klar, dass sie durch die Kinder nicht unendlich viel Zeit hat. Und es ist oft einfach viel zu tun. Manchmal arbeitet auch jeder vor sich hin und wir reden mal zwei Tage lang kaum miteinander. Das ist natürlich auch kein Problem.

Wir können auch unsere Beziehung im Job gut von unserer privaten trennen. Es gab natürlich Situationen, in denen sie sich mir gegenüber im Privaten komisch verhalten hat und ich dachte, das würde daran liegen, dass ich im Job irgendwas falsch gemacht hätte. Aber dann waren es nur persönliche Dinge bei ihr, die sie genervt haben, die nichts mit mir zu tun hatten. Darüber kann man aber auch reden, wenn man sich so gut kennt wie wir. Das ist der große Vorteil, wenn man befreundet ist und zusammenarbeitet.

Wenn man sich so lange kennt, gibt es oft auch nicht so viel Gesprächsbedarf. Und wenn es den gibt, dann kommt es auf den

Tisch. Das ist auch die Qualität, die man mit Anna als Freundin hat. Wir haben uns in der Vergangenheit schon viel gestritten und wissen, dass das nicht so schlimm ist, wenn man etwas Kritisches anspricht. Also das wird unsere Freundschaft nicht ankratzen. Das ist ja die Qualität guter Freundschaften.

Manchmal fehlt ihr ein bisschen der Überblick über alles, was aktuell anliegt. Das ist aber auch ihrer Situation geschuldet: Sie hat wahnsinnig viel um die Ohren, führt den Laden und ist alleinerziehend mit zwei Kindern. Gerade als sie nach der zweiten Elternzeit zurückkam, gab es eine Phase, da hat man gemerkt, dass sie sich erst wieder richtig einfinden musste. Aber sie wird auch immer professioneller. Und momentan ergänzen wir uns zu dritt gut. Wenn irgendwas liegen bleibt, zum Beispiel wenn ein bestimmtes Produkt noch nicht nachbestellt wurde, dann merkt das immer einer von uns, der sagt: »Das müssen wir noch erledigen!«

Ich habe zu wenig mit männlichen Chefs gearbeitet, um viel darüber sagen zu können, wie sie arbeiten. Ich kann mir aber fast nicht vorstellen, dass es sich Männer als Chefs nehmen lassen zu bestimmen, was in ihrer Abteilung oder ihrem Unternehmen los ist. Ich kann mir das nicht vorstellen, dass es Männer gibt, die zumindest eine kleine Firma gerne im Team führen würden. Oder dass sie ihre Entscheidungen transparent machen. Anna macht das und wir werden mit einbezogen. Ich weiß nicht, ob das woanders so üblich ist. Aber das liegt vielleicht auch nicht unbedingt daran, dass sie eine Frau ist, sondern an der Struktur des Ladens, weil es ja nun mal ein sehr kleines Geschäft ist. Also da würde es einfach nicht funktionieren, wenn bei drei Leuten einer sagt: »So, das hier ist jetzt die Linie. Jetzt wird hier gemacht, was ich sage.« Das sorgt für schlechte Stimmung und damit für schlechte Arbeit.

Wir lachen manchmal über die Vorstellung, dass wir noch mit Mitte sechzig zusammen im Laden sitzen. Das kann man sich schwer vorstellen, aber es ist auch nicht ganz grausig. Doch natürlich denke ich schon darüber nach, mal irgendwann noch etwas völlig anderes zu machen. Originellerweise will ich zurzeit Yoga-Lehrerin werden, aber das wird sicher kein Hauptjob. Ich hab nur einfach Lust darauf, mal wieder was Neues zu lernen.

Anna denkt auch darüber nach, noch einen anderen Laden aufzumachen, doch im Moment bleibt dafür zu wenig Zeit. Aber ich kann mir gut vorstellen, dass sie das in ein paar Jahren noch in Angriff nimmt – wenn die Kinder größer sind. Sie wollte schon mal einen Bioladen aufmachen und hat mich gefragt, ob ich mitmache – darauf hatte ich zu dem Zeitpunkt keine Lust und das war dann auch okay.

Wenn es darum geht, eine neue Filiale aufzumachen oder über andere Möglichkeiten der Weiterentwicklung nachzudenken, dann stellt sich ja immer die Frage: Muss das sein? Oder ist es nicht gerade auch ganz charmant und gut, so wie es ist? Wenn ein Mann den Laden führen würde, gäbe es vielleicht schon eine ganze Kette. Wir werden oft gefragt, warum wir keine weiteren Filialen aufmachen. Aber ich denke, das gibt das Konzept nicht unbedingt her. Wenn man es jemandem in einer anderen Stadt übertragen würde, dann müsste der das genauso umsetzen. Und das Geschäft funktioniert auch gerade deshalb, weil es inhabergeführt ist, weil wir da sitzen und genau mitkriegen, was die Leute wollen. Man hat einen viel direkteren Kontakt zu den Kunden.

*

Drei Freundinnen arbeiten zusammen in einer kleinen, erfolgreichen Firma und eine von ihnen führt den Laden. Hier klingt das nach einer idealen Konstellation. Weil alle drei ihren Platz haben und damit zufrieden sind. Dann ist die Freundschaft offenbar eine Bereicherung im Job. Und hier kommt das zum Tragen, was eine gute Frauenfreundschaft in der Regel ausmacht: Man versteht, was die andere bewegt, und geht darauf ein. Man muss sich nicht immer nur beweisen, sondern kann Emotionen zeigen. Und fühlt sich sicher. Ich kann mir gut vorstellen, dass so ein persönliches Arbeitsumfeld dauerhaft zufrieden macht – so wie man es bei Margarethe auch sieht. Und wer gern arbeitet, der arbeitet gut.

»Sie kann auf Kommando heulen«

Die faule Versagerin

SARAH LAHMEN (31),* Redakteurin in
einer PR-Agentur, Stuttgart, über ihre Chefin

Sarah ist extrem schlecht auf ihre Chefin zu sprechen.
Sie findet sie inkompetent und fehlbesetzt – der tägliche
Ärger mit ihr macht Sarah ernsthaft zu schaffen. Ihr Job
macht ihr zwar sehr viel Spaß, aber die Chefin stresst.
»Sie ist für mich eine ständige Enttäuschung«, fasst sie
zusammen. Und es klingt wirklich heftig, was Sarah zu
berichten hat.

* Name geändert

ch arbeite seit einem Jahr und drei Monaten jeden Tag mit Tina zusammen. Seit acht Monaten etwa ist sie unsere Chefin. Unsere eigentliche Chefin und Objektleiterin hat gekündigt und Tina ist aufgerückt. Damit wurde sie absolut unverdient zur Alleinherrscherin in unserem Büro. Sie ist zum ersten Mal in einer leitenden Funktion tätig, ihr selbst ist ihre neue Position jedoch ziemlich egal. Denn sie hat ganz andere Sachen im Kopf: Seit sie vor zweieinhalb Jahren bei uns in der Agentur angefangen hat, versucht sie auf Biegen und Brechen, schwanger zu werden – was sie vom ersten Tag an offen kommuniziert hat.

Der Plan geht nur leider nicht auf: Das Baby bleibt bisher aus. Und wir müssen weiter leiden. Obwohl wir es ihr auch nicht gönnen würden, dass sie sonst fürs Nichtstun viel Elterngeld absahnt. Reicht ja schon, dass sie hier bei uns noch mehr Geld fürs Wenigtun bekommt. Das Einzige, was sie gut kann: Sie versucht, dafür zu sorgen, dass immer gute Stimmung im Büro herrscht. Das macht sie aber wahrscheinlich eher aus egoistischen Gründen. Sie sitzt mit uns allen in einem Großraumbüro. Da sie keinerlei Führungsaufgaben erfüllt, sind wir grottenschlecht organisiert. Jeder von uns leitet sein Themengebiet völlig alleine, weil sie keine Ansagen macht. Sie hat keinen Plan, wie es weitergehen soll oder wie unser Umsatz zu steigern wäre.

Neben dem Thema »Baby« hat sie nur noch ein Ziel: Sie will, dass ihr Freund ihr endlich einen Heiratsantrag macht. Das klappt aber auch nicht. Wahrscheinlich ist es nun in dieser selbst verursachten Warteschleife, in der sich diese Frau befindet, zu einer Art Schockstarre gekommen: Sie hangelt sich einfach so von einem Tag zum nächsten und gibt sich nicht mal besonders viel Mühe, ihre Inkompetenz zu verbergen.

Wir haben immer morgens ein Meeting im Konferenzzimmer. Dort müssen wir darüber Bericht erstatten, was wir den Tag über machen werden. Lustigerweise wurde das von der alten Chefin wegen Tina eingeführt, weil sie sich nicht vorstellen konnte, was

Tina eigentlich den ganzen Tag so treibt. Das geht uns genauso. Bei diesen Meetings lässt Tina nun immer eine oder höchstens zwei Sachen aufschreiben, die sie angeblich für sich plant. Die schafft sie dann aber nie und zählt sie am nächsten Tag einfach noch einmal mit auf.

Wenn es etwas zu erledigen gibt, auf das sie gar keinen Bock hat, beauftragt sie heimlich Mitarbeiterinnen damit und gibt es dann später vor den anderen ganz dreist als ihre Arbeit aus. Natürlich kommt so was meistens raus, wir halten ja zusammen. Das müsste sie auch wissen, es scheint ihr aber egal zu sein. Sie nutzt alle Gelegenheiten aus, bei denen etwas herauszuholen ist: Wir haben gerade eine Praktikantin, die völlig ohne Entlohnung ein Jahr lang hier schuftet. Sie ist ziemlich schüchtern. Erst jetzt hat sie zugegeben, dass sie auf Tinas Ansage hin täglich alle Aufgaben eines Bereiches übernommen hat, den Tina uns als ihren Bereich verkauft hat.

Wenn wir Mitarbeiter nicht wären, wäre die Agentur längst pleite. Die zweite Führungsposition im Haus ist nämlich genauso fehlbesetzt: Neben Tina ist noch ein 24-jähriges Marketing-Mäuschen auf die Position unseres Objektleiters gerückt – dieser Objektleiter hatte ebenfalls das Unternehmen verlassen und sich zuvor immer um alles Kaufmännische gekümmert. Das Mäuschen ist nun Tina gleichgestellt, was alle wichtigen Entscheidungen angeht. Sie bemüht sich redlich, aber sie ist halt noch jung und kann sich null durchsetzen. Auch zu zweit wären die beiden verloren und die Agentur gleich mit.

Ihren Status als PR-Frau nutzt Tina auch total aus. Sie macht ganz viele Sachen privat, die sie dann als beruflich ausgibt. Sie hat es unserer Geschäftsführung allen Ernstes als »Recherche« verkauft, dass sie auf Firmenkosten solche Sachen wie Wimpernverlängerung und Fruchtbarkeitsbehandlungen oder Kinderwagen und Hochzeitsplanerinnen »testet«. Angeblich wollte sie damit neue Geschäftszweige »erobern«, wie sie es immer so schön dramatisch ausdrückt. Deshalb hatte sie schon etliche Personal-gespräche und hat mehrere Verwarnungen kassiert. Sie hätte längst rausfliegen müssen. Ihr Glück ist aber, dass aus der Führungsriege schon zwei Leute, die diese Verwarnungen ausgestellt haben, ge-gangen sind. Sie stand schon so oft auf der Abschussliste, aber irgendwie redet sie sich immer raus. Mal sehen, wie lange sich das der aktuelle Geschäftsführer noch anguckt.

Tina erledigt auch während der Arbeitszeit ziemlich oft Privat-kram und das kriegen alle mit. Sie telefoniert laut mit ihren Freun-dinnen. Und sie postet den ganzen Tag über Sachen bei Facebook. Irgendwann hat sie deshalb den Schreibtisch gewechselt. An ihrem jetzigen Platz kann ihr niemand mehr über die Schulter gucken und sehen, was sie macht.

Die Stimmung ist generell besser, wenn sie nicht da ist. Dann regen sich nämlich nicht mehr alle ständig darüber auf, wie un-fähig und faul diese Frau ist. Zum Glück ist sie häufig nicht da. Sie ist pro Jahr mindestens zehn bis zwölf Wochen krankgeschrieben. Im vergangenen Jahr ist sie zufälligerweise immer genau zwei Wochen vor ihrem Urlaub krank geworden. Und natürlich ist sie dann spontan genesen, wenn der erste Tag des Urlaubs gekommen war. Zum Glück, denn so waren zehn Stunden Flug auf karibische Inseln gut zu ertragen. Einmal war sie zwei Monate am Stück nicht da – angeblich wegen eines »sehr schmerzhaften Rückenleidens«. Exkollegen haben uns erzählt, dass sie mit Tina essen waren in dieser Zeit. Dabei hat sie ständig Jammer-E-Mails geschrieben, wie schlecht es ihr doch geht. Der Hammer war dann: Dumm, wie sie ist, hat sie bei Facebook von einer Party aus Fotos gepostet, auf denen sie ausgelassen herumtanzt und wilde Verrenkungen macht.

Wie kommt sie nur trotzdem immer wieder mit so etwas durch? Sie kann andere gut einlullen und Mitleid provozieren. Ihre vielleicht wichtigste Waffe: Sie kann auf Kommando anfangen zu heulen.

Mich regt an ihr besonders auf, dass sie in ihrer Position keine Verantwortung übernimmt. Die schiebt sie lieber auf andere ab.

Sie hat auch überhaupt kein Interesse daran, ihre Mitarbeiter zu führen und Ansagen zu machen. Dabei kann man nicht sagen, dass sie ein Problem mit Hierarchien hat. Nein, sie lässt sich sogar von Angestellten über den Mund fahren. Ihr ist nur wichtig, dass sie einen tollen Titel auf der Visitenkarte stehen hat und dementsprechend Geld verdient. Als zukünftige Mutter will sie schließlich auch gut abgesichert sein.

Total nervig an ihr finde ich auch, dass sie immer diese Masche fährt, sie sei mit jedem total dicke, und deshalb erzählt sie auch allen die persönlichsten und intimsten Dinge. Ungefragt berichtet sie einem in der Kantine davon, wann genau sie die Pille abgesetzt hat und welche Wundermittel, Stellungen und Geheimrezepte ihr dabei helfen sollen, endlich schwanger zu werden. Natürlich stört es mich auch, dass sie meine Chefin ist, aber erst um 9:30 Uhr im Büro aufkreuzt und spätestens um 18 Uhr geht, während ich täglich knapp drei Stunden länger arbeite und sie mir trotzdem immer noch Extra-Arbeit aufhalst. Um mir dann mehrmals wöchentlich, wenn sie nach Hause geht, zuzuflöten: »Mach nicht wieder so lange!« Als ob ich ewig da sitze, weil ich nichts Besseres zu tun habe.

Sie weiß, dass niemand sie ernsthaft überprüft. Bei uns ist sie aber sehr hinterher, uns zu kontrollieren und immer nachzufragen, ob wir auch alles richtig und pünktlich erledigen. Sie liest sämtlichen Papierkram gegen. Eigentlich soll sie auch alles auf Rechtschreibfehler kontrollieren, nur findet sie leider nie welche. Deshalb gehen wir unter den Kollegen immer noch mal gegenseitig drüber. Sie übersieht die gröbsten Sachen. Ich weiß nicht wieso, aber letzte Woche habe ich in einer wichtigen E-Mail an einen Kunden »Empvang« geschrieben statt »Empfang«. Die Mail musste raus und es war nur noch sie da. Sie hat den – ziemlich kurzen – Text angeblich kontrolliert, aber diesen Patzer übersehen. Wie sie das geschafft hat? Keine Ahnung, das tat sofort weh beim Hingucken. Klar, ich hab es auch erst übersehen, aber bei einem letzten Kontrollblick, gerade als ich auf »Senden« drücken wollte, sprang es mich zum Glück noch an. In solchen Momenten werde ich richtig sauer auf sie: weil sie sich aufspielt, als hätte sie hier alles im Griff, und uns dann aber in wichtigen Situationen total im Stich lässt. Am Ende wäre ich doch diejenige gewesen, die dafür angezählt worden wäre, und sie hätte sich nur rausgeredet. Dabei überträgt sie uns einfach viel zu viel Arbeit und Verantwortung und kümmert sich selbst um nichts.

Sie ist eine von den Frauen, die in ihre Position einfach nur reingerutscht sind. Sie hatte gerade eine Lehre als kaufmännische Angestellte im Unternehmen angefangen, als jemand sie gefragt hat, ob sie sich nicht für PR interessiere. Da sah sie wahrscheinlich schon die ganzen kostenlosen Pröbchen vor ihrem geistigen Auge und hat natürlich sofort zugesagt.

Ich bin mir sicher, dass sie als Mann nie so weit gekommen wäre. Ein Mann kann nicht freundlich mit den Wimpern klimpern oder anfangen zu heulen, wenn die Kacke am Dampfen ist. Wenn sie im Vorstellungsgespräch vor mir gesessen hätte, hätte ich sie, glaube ich, auch nicht durchschaut. Aber von den Bewerbungsunterlagen her hätte ich sie wahrscheinlich nicht eingestellt. Ich kenne ihre Zeugnisse oder Beurteilungen ja nicht, aber dass ihr Kompetenzen fehlen, müsste doch ersichtlich sein. Da sie Dinge ganz toll schönreden kann, hätte sie sich aber bestimmt super verkauft. Und was sie alles falsch macht, das erkennt man ja erst im Arbeitsalltag.

Wir sind ein reines Frauenteam. Vielleicht wäre ein Mann als Chef besser, weil er sich eher durchsetzen könnte. Wir nehmen Tina ja doch nicht ernst. Sie ist eben da, das ist aber auch schon alles. Wenn sie mal was sagt, dann nicken wir freundlich, aber wir machen sowieso alle unser Ding. Dann können wir wenigstens sichergehen, dass alles läuft und wir unser Pensum schaffen. Da sind wir im Team auch alle einer Meinung. Jeder denkt gleich schlecht über Tina und wir reden oft über sie, um den Frust rauszuquatschen. Ich war auch schon mit einer Kollegin beim Geschäftsführer, um mich über sie zu beschweren. Er hat das aber leider nicht wirklich ernst genommen. Der Laden läuft ja. Am Ende sind wir auch selbst mit schuld daran: Wir bügeln die Scheiße aus, die sie verzapft. Leider ist unsere ganze Geschäftsführung nicht die kompetenteste. Und solange es einigermaßen läuft, wird sie nicht fliegen.

Sie leistet sich aber auch richtige Fehler: Wir müssen seit einiger Zeit bestimmte Dinge mit dem Geschäftsführer absprechen – wegen Tina. Dazu gehört zum Beispiel, wenn wir Computerzubehör kaufen wollen: wenn mal eine Maus kaputtgegangen ist oder so. Tina selbst hält sich nur leider nie daran. Deshalb zitiert der Geschäftsführer sie regelmäßig in sein Büro. Ich will gar nicht wissen, wie sehr sie ihn dann da drinnen vollschleimt und bezirzt. Wäre unsere alte Chefin nur etwas länger geblieben, wäre Tina definitiv bald geflogen, denn die hatte sie durchschaut und nur sie hätte dem Ganzen ein Ende setzen können.

Ich hatte bisher sechs Chefinnen. Über drei von ihnen kann ich mich wirklich nicht beschweren. Das sind Frauen, die ihre Position verdient haben und ihren Job wirklich gut machen. Frauen, zu denen man aufsehen kann. Mit den anderen habe ich eher schlechte Erfahrungen gemacht. Eine davon ist Tina. Eine weitere hat mich, als ich als Trainee hier ganz neu angefangen habe, gleich als Konkurrenz gesehen, obwohl ich da ja wirklich noch eine blutige Anfängerin war. Sie ist eine Frau, die sich nie an Termine halten kann, weil sie einfach zu verplant ist und für alles ewig braucht. Sie macht ihre Arbeit zwar gut, aber sie fährt immer mit angezogener Handbremse. Ihr Tag und alle Arbeitsabläufe waren einfach ineffektiv strukturiert. An mir hat sie dann immer heftig rumgemäkelt. Meine Arbeit war okay, aber sie mochte mich persönlich nicht. Um sie zu »testen«, habe ich sogar mal eine Aufgabe mit meiner Kollegin getauscht – an den Dingen, von denen sie glaubte, dass ich sie erledigt hatte, hat sie rumgekrittelt. Das, was angeblich von meiner Kollegin stammte – was aber in diesem Fall von mir war –, hat sie ohne Einwände abgesegnet. Da war mir dann natürlich alles klar.

Die dritte miese Chefin ist eine, unter der ich nur kurze Zeit gearbeitet habe. Sie wurde immer total cholerisch, wenn ihr was nicht passte. Sie hat dann richtig getobt im Büro, vor allen anderen laut rumgeschrien und so. Das hat sogar ihrem Chef, einem Mann, Angst eingejagt und er hat die Arbeit dann oft lieber an andere Kollegen vergeben.

Ich denke, dass sowohl Frauen als auch Männer gute Chefs sein können. Ich habe bisher bessere Erfahrungen mit Männern gemacht. Aber ich hatte eben auch Chefinnen, die das Bild etwas verfälschen. Ich habe das Gefühl, dass Frauen sich immer noch mehr beweisen müssen, um in eine bestimmte Position zu kommen, und das lassen sie dann wiederum oft raushängen. Sie sind unentspannt, nicht besonders kompromissbereit und Kritik können sie erst gar nicht vertragen. Männer sind da weitaus gelassener. Für die ist klar: Sie haben das Sagen und damit basta! Frauen sehen alles und jeden als Konkurrenz, vor allem andere Frauen. Das macht es kompliziert. Über die Zeit habe ich gemerkt: Mir ist es wirklich egal, ob ich eine Frau oder einen Mann als Chef habe. Ich kann beiden gegenüber Respekt haben, aber nur wenn sie ihn wirklich verdient haben. Das heißt für mich: wenn sie gute Arbeit leisten, gute Ideen haben, konstruktive Kritik üben und umfassend kompetent sind für genau den Job, den sie machen.

Wenn man mir in nächster Zeit einen Chefposten anbieten würde, würde ich wahrscheinlich eher absagen. Ich hätte gern eine höhere Position – oder besser gesagt hätte ich gern den Titel, der meiner jetzigen Verantwortung entspricht, und würde natürlich auch gern entsprechend bezahlt werden. Aber die Mühe, beispielsweise Chefin einer Agentur zu sein, nehme ich ganz sicher nicht auf mich. In den nächsten drei bis fünf Jahren will ich eine Familie gründen. Dann wäre das alles umsonst gewesen. Denn mit Kind genau dort wieder einzusteigen, wo man aufgehört hat, ist so gut wie unmöglich. Wir sind in unserem Team alle unverheiratet und kinderlos, unsere Arbeitszeiten lassen eine Familie gar nicht zu. Ich denke, dass ich deshalb sogar die Branche wechseln würde. Da bin ich dann auch überhaupt nicht mehr karriereorientiert. Es gibt sicherlich Ausnahmen, aber ich denke, es kann nur eines funktionieren: Kind oder Karriere. Ich würde weiter arbeiten gehen, aber auf eine ordentliche Position verzichten.

*

Während des Interviews habe ich mehrmals gedacht, was für eine Ungerechtigkeit es ist, dass es solche Führungskräfte gibt, die fast unbemerkt einen miesen Job machen können – und das auf Kosten ihres Teams. Das dürfte es doch eigentlich gar nicht geben. Warum hat dieses Unternehmen da keine wirksamen Kontrollmechanismen? Aber es wird nun mal nicht alles nach Gerechtigkeit entschieden. Chefinnen wie Tina sind anscheinend einfach Pech. Es gibt sie und man muss mit ihnen leben. Ein Mann mit Tinas Schwächen würde diese vielleicht anders zeigen, aber schlussendlich wäre es genau dasselbe Desaster. Bei aller Kritik muss man aber auch sagen: Das Team trägt Tinas Inkompetenz ein Stück weit mit, indem es die Arbeit der Chefin erledigt und sie dadurch indirekt schützt. Sarah allein kann nur wenig dagegen ausrichten. Sie muss wohl oder übel ausharren, bis die Chefin irgendwann geht – oder sie muss kündigen. Besonders schade daran finde ich: Sarah selbst wäre vielleicht die bessere Chefin, aber sie schließt diese Möglichkeit für sich aus. Vielleicht würde Sarah lieber Karriere machen, wenn sie echte Vorbilder erleben würde und das Gefühl hätte, dass höhere Positionen nach Kompetenz besetzt werden und nicht aus reiner Willkür. Es ist manchmal wirklich ungerecht ...

»Sie hat mir von Anfang an vertraut«

Die kompetente Förderin

PEGGY ZENKNER (30), PR-Volontärin, Düsseldorf, über ihre Chefinnen

Eine Bekannte sagt mir, dass ich mich zum Thema »weibliche Chefinnen« mal mit ihrer Freundin Peggy unterhalten solle. »Die hatte immer tolle Chefinnen«, meint sie. Also verabrede ich mich mit Peggy zu einem Gespräch und tatsächlich: Sie hat bisher nur Frauen in Führungspositionen kennengelernt, die diese sehr gut ausgefüllt haben – mit Kompetenz und Einfühlungsvermögen für ihre Teammitglieder. Peggy erzählt, wie sie von Frauen gefördert wurde und dass auch sie selbst sich in der Nachwuchsförderung engagiert.

Ich habe bisher nur positive Erfahrungen mit Chefinnen gemacht. Und ich hatte auch fast immer Frauen als Chefs, zumindest als unmittelbare Vorgesetzte. Mir sind Frauen begegnet, die menschlich, aber rational sind. Gleichzeitig sind sie meist ganz schöne Arbeitstiere, die sich nicht hinsetzen, Däumchen drehen und so viel wie möglich delegieren. Sie fragen sich eher, was ihre Mitarbeiter können, wobei sie ihnen vertrauen und welche Aufgaben diese selbstständig bewältigen können. Und sie nehmen auch Rücksicht.

Meine erste gute Chefin habe ich als studentische Hilfskraft beim WDR Fernsehen in Düsseldorf kennengelernt. Sie leitet die Redaktion »Landespolitik«. Ich bewundere selten Menschen und habe nur wenige Vorbilder. Aber diese Frau habe ich sehr schnell bewundert. Weil sie nicht nur sehr kompetent ist, sondern auch überaus freundlich und herzlich, dabei aber nicht zu menschelnd. Das finde ich wichtig: Im Berufsleben sollte man eine gewisse Distanz wahren und trotzdem einen freundlichen Umgang pflegen. Diese Chefin war also kompetent und konnte Menschen sehr gut führen. Außerdem hatte sie noch eine unglaublich nette Familie. Das habe ich an ihr bewundert: dass sie den Beruf managt und ihre Mitarbeiter gut führt und gleichzeitig genug Zeit und Energie für die Familie findet. Sie hat in der Redaktion nie den Leitwolf gespielt. Aber es war immer klar, dass sie die leitende Position innehatte.

Ich weiß nicht, inwieweit sie und meine weiteren Chefinnen mich geprägt haben und ob ich mir bei ihnen vielleicht etwas abgeschaut habe. Aber ich denke schon, dass einen solche Persönlichkeiten prägen. Auf unbewusster Ebene habe ich da sicher einiges übernommen. Genauso wie ich mir vielleicht auch unbewusst meist weibliche Vorgesetzte ausgesucht habe.

Mir ist aufgefallen, dass ich zum Beispiel schon im Studium oft Lehrveranstaltungen bei Professorinnen besucht habe. Sie hatten einfach die spannenderen Themen, haben eine ganz andere Vermittlungsarbeit geleistet und sind mit den Studenten auch anders umgegangen als ihre männlichen Kollegen. Sie haben weniger referiert und mehr mit uns Studenten diskutiert. Sie haben Themen gründlicher durchleuchtet und waren auch in den Sprechstunden präsenter.

Ich glaube nicht, dass Frauen die besseren Menschen sind. Ich glaube auch nicht an einen biologischen Determinismus. Aber es spielt eine Rolle, wie und wo man aufgewachsen ist und welche Werte einem vermittelt wurden. In der Regel sind das bei Mädchen immer noch andere Werte als die, die Jungen vermittelt werden. Ich stamme aus den neuen Bundesländern und das hat mich sicher geprägt. Ich bin mit einem anderen Bild von Frauen im Beruf groß geworden als einige meiner jetzigen Bekannten. Mir ist bewusst, dass die DDR auch nur eine semifeministische Gesellschaft war: Die Hausarbeit haben die Frauen trotzdem gemacht. Aber der Zugang zum Berufsleben war nicht über das Geschlecht geregelt. Natürlich gab es andere Hürden im Hinblick auf die Berufswahl, die aber nichts mit der Geschlechtszugehörigkeit zu tun hatten. Auch mit Familie konnte man weiterhin arbeiten. Ich bin mit einem Jahr in eine Kinderkrippe gekommen und meine Mutter hat gearbeitet. Ich stelle das heute oft fest, dass ich anders sozialisiert bin als einige Bekannte und Freunde. Ich kenne heute einige, deren Mütter Hausfrauen waren.

Ich habe eine große Familie und darin gibt es keine einzige Hausfrau. Ich will das keinesfalls schlechtreden. Es gibt sicher Gründe, warum man sich für diesen Weg entscheidet. Aber für mich kommt das nicht infrage. Irgendwann nicht mehr zu arbeiten steht für mich überhaupt nicht zur Diskussion. Ich denke auch, dass man nur dann eine gleichwertige Partnerschaft führen kann, wenn beide zufrieden sind mit dem, was sie tun, und ein erfülltes Leben führen.

Heute arbeite ich im Kulturbereich, aber zwischendurch habe ich mal einen Ausflug in die Wirtschaft gemacht, war Assistentin im Center-Management des »Stilwerk« in Düsseldorf. Meine

Chefin dort hat das Haus geleitet, war unter anderem für Veranstaltungen und die Betreuung der Mieter zuständig.

Sie war ebenfalls sehr kompetent, was ich bei weiblichen Vorgesetzten bisher auch immer so wahrgenommen habe. Bei den Chefinnen, die ich kennengelernt habe, war es immer so, dass sie in ihren Jobs waren, weil sie das, was sie gemacht haben, wirklich konnten. Sie waren kompetent, haben viel geleistet, haben sich mit dem Unternehmen identifiziert und wollten auch deshalb die beste Leistung für die Firma bringen.

Was auch sehr angenehm an dieser Chefin war: Sie hat mir von Anfang an vertraut. Sie hat mich auch Aufgaben übernehmen lassen, die völlig neu für mich waren. Sie hat dann kurz zwischenkontrolliert, aber sie hat darauf vertraut, dass ich das bewältigen kann. Oder dass ich Bescheid gebe, wenn ich bei etwas unsicher bin und Hilfe brauche. Ich denke, dass das auch etwas ist, was Frauen eher machen als Männer: Schwäche zeigen, mal sagen: »Das schaffe ich nicht!« oder sich Hilfe holen. Ich denke, dass weibliche Angestellte das genauso können wie Chefinnen.

Was ich aber sagen muss: Alle meine Chefinnen waren immer mindestens zehn Jahre älter als ich. Ich denke, mit einem gewissen Altersabstand nimmt man andere nicht mehr so stark als Konkurrenz wahr – egal ob Frauen oder Männer. Unter gleichaltrigen Kollegen kann Rivalität aufkommen. Ältere übernehmen dagegen eher die Rolle von Förderern, eine Mentorenfunktion. Sie sehen, dass da die nächste Generation heranwächst. Sie sind gefestigt und nehmen das nicht als Bedrohung wahr. Ich denke, Konkurrenz gibt es eher unter jüngeren Mitarbeitern, die ähnlich alt sind. Oder wenn eine Chefin nicht viel älter ist und denkt, da sei jemand zu gut und entwickle sich zu schnell. Da ist dann aber egal, ob es Frauen oder Männer sind.

Zu einer Führungsposition gehört auch einfach Lebenserfahrung, denke ich. Mit Ende dreißig hat man in der Regel einiges erlebt – beruflich wie privat –, was ich für eine Führungsposition für unverzichtbar halte. Ich habe öfter in jungen Teams gearbeitet. Das ist auch schön und hat Vorteile. Aber manchmal fehlt dann der Abgleich mit jemandem, der viel Erfahrung hat. Das ist meiner Meinung nach auch eine Voraussetzung dafür, eine gute Führungskraft zu sein: Man sollte etwas älter sein. Ich glaube, dass Menschen um die dreißig noch nicht so gute Chefs sein können. Zu so einem Job gehört auch eine gewisse Lebenserfahrung. Denn man steuert als Chef nicht nur Projekte, sondern auch Menschen. Ich bin jetzt dreißig Jahre alt. Mit Ende dreißig würde ich mich über eine Führungsposition freuen. Ja, ich wäre gern Chefin. Und ich hoffe, dass ich mal eine gute Chefin werde.

Ich würde mich auch für den Nachwuchs einsetzen. Das fand ich schon immer spannend. Ich war längere Zeit im Organisationsteam von »Düsseldorf ist ARTig«, einem Kulturfestival, das sich für den Nachwuchs einsetzt. Es hat mir immer Spaß gemacht, einen Rahmen für den Nachwuchs zu schaffen. Und genau das würde ich als Chefin unter anderem machen wollen. Ich bin auch an mehreren Stellen gefördert worden und weiß, wie wichtig das sein kann. Außerdem ist es natürlich toll, einen eigenen Arbeitsbereich zu haben. Als Chefin vergibt man Aufgaben und hat den Überblick, kann sich im Idealfall seine Mitarbeiter aussuchen und optimale Teams zusammenstellen. Als Chefin kann man mehr steuern, ich glaube, das reizt mich daran.

Die Frauen, die jetzt in Führungspositionen sind und das auch ohne Quote geschafft haben, mussten sich wahrscheinlich oft durchboxen. Mir persönlich sind nie weibliche Vorgesetzte begegnet, die sich wie Platzhirsche aufgespielt haben oder die in Konferenzen völlig cholerisch waren. Ich glaube nicht, dass Männer sich grundsätzlich überschätzen. Ich denke eher: Wenn sie sich zum Beispiel um eine Stelle bewerben, für die sie nicht alle Anforderungen erfüllen, dann denken sie: Das kann ich jetzt noch nicht, ich kann es aber schaffen. Das ist ja auch völlig in Ordnung, Frauen unterschätzen sich dagegen eher. Aber dann holen sich diese Männer vielleicht zu spät Hilfe, wenn sie die Aufgaben doch nicht bewältigen können. Warum das so ist, kann ich mir nicht erklären. Ich könnte mir noch am ehesten vorstellen, dass Männer eben nicht mit dem Gefühl aufwachsen, dass sie Schwächen eingestehen dürfen, sondern dass sie alles leisten und erreichen müssen. Jungen werden in der Erziehung andere Werte vermittelt als Mädchen, sie werden anders sozialisiert.

Ich arbeite gern mit weiblichen Vorgesetzten. Wenn aber Teams nur aus Frauen bestehen, die vielleicht noch ungefähr gleich alt sind, dann kann es Reibereien geben, da kommt es auch mal zu einem Zickenkrieg. Das habe ich auch schon erlebt. Deshalb sind mir gemischte Teams am liebsten und ich denke auch, dass sie am besten funktionieren. Dabei meine ich aber nicht nur den Mix aus Männern und Frauen, sondern auch ältere und jüngere Mitarbeiter zusammen. Weil sich dann mehr Positionen mischen: Lebenserfahrung trifft auf neuen Input. Und das ist meiner Erfahrung nach nicht nur persönlich sehr angenehm, sondern auch inhaltlich produktiv: Es bringt die besten Ergebnisse. Ich habe das als sehr positiv erlebt.

Eine Chefin, für die ich gearbeitet habe, leitet die Kommunikationsabteilung des »Altstadtherbst Kulturfestival Düsseldorf«. Von ihr habe ich sehr viel gelernt, weil sie mir auch viel anvertraut und mir gleichzeitig Feedback zu meiner Arbeit gegeben hat. Sie hat sich zum Beispiel mit mir hingesetzt und eine Pressemitteilung angeschaut, die ich geschrieben hatte. Sie hat gesagt: »Ich erkläre dir, was funktioniert und was nicht.« Und als sie gemerkt hat, dass ich das umsetzen kann, hat sie mich eigenverantwortlich arbeiten lassen. Außerdem hat sie mich Leuten vorgestellt, mir Kontakte ermöglicht und mir damit auch die Tür zu meinem jetzigen Job geöffnet. Ich denke, das hängt auch wieder damit zusammen, dass jemand, der älter ist als man selbst und kaum Konkurrenz empfindet, Kontakte eher teilt. Ich denke nicht, dass Chefinnen wie sie ausschließlich Frauen fördern. Wahrscheinlich ist es eher so, dass Frauen gern die Nachwuchsförderung übernehmen, dass sie sich sagen: Da ist jemand, den fördere ich, weil ich finde, dass er seinen Job gut macht. Und wenn es dann auch noch eine weibliche Mitarbeiterin ist – umso besser. Als weiblichem Chef ist einem eine Frau vielleicht näher, erinnert an einen selbst.

Frauen neigen meiner Meinung nach nur manchmal dazu – egal ob unter Kolleginnen oder in der Beziehung zwischen Chefin und Mitarbeitern –, dass sie zu viel aus dem persönlichen Bereich preisgeben. Weil man sich sympathisch ist, wird es zu persönlich. Da müssten Frauen doch manchmal mehr die Distanz wahren. Gleichzeitig ist es natürlich ein schmaler Grat: Man verbringt im Job sehr viel Zeit miteinander. Und Chefinnen wollen ja auch gut mit ihren Mitarbeitern umgehen. Da ist es schwierig, die Balance zu finden. Männer sind da vielleicht manchmal rationaler.

Es gibt genug fachlich gut ausgebildete Frauen in Deutschland. Frauen sind heutzutage höher qualifiziert als früher, aber immer noch in Führungsetagen unterrepräsentiert. Vielleicht brauchen wir die Quote, um das zu ändern. Die Wirtschaft hatte zehn Jahre Zeit, ihrer Selbstverpflichtung nachzukommen. Gekoppelt war die freiwillige Selbstverpflichtung der Unternehmen damals an die Aussage der Politik, wenn die Zusagen nicht erfüllt werden, würde es doch eine gesetzliche Regelung geben. Dem muss die Regierung jetzt nachkommen. Natürlich haben sich einzelne Punkte, wie die Zugangsmöglichkeiten für Frauen in die Berufswelt, verbessert. Trotzdem ist zum Beispiel ihre monetäre Situation nicht wesentlich besser. Die Gleichstellung muss auch in diesem Bereich unbedingt kommen! Leider unterschätzen Frauen oft den Wert ihrer Arbeit und setzen sich nicht genug dafür ein, das zu bekommen, was ihnen zusteht, sei es das höhere Gehalt oder die höhere Position.

Vielleicht erhält dann eine Frau aufgrund der Quote den Job. Bewähren muss sie sich dort trotzdem.

*

»Da ist jemand, den fördere ich, weil ich finde, dass er seinen Job gut macht. Und wenn es dann auch noch eine weibliche Mitarbeiterin ist – umso besser.« – Ich finde, dieser Satz bringt es auf den Punkt. Nachwuchsförderung gehört zu den Aufgaben jeder Führungskraft. Und ich kann mir vorstellen, dass den Chefs, die sich lieber darauf konzentrieren, die Ellenbogen auszufahren und die eigene Person in den Vordergrund zu stellen, dafür nur wenig Raum bleibt. Frauen erkennen Potenziale bei Mitarbeitern eher, weil sie ein besseres Gespür für andere haben und ihr Ego ihnen nicht den Blick darauf verstellt. Sie schauen hin, weil sie das Wohl der Firma sehen. Und sie schauen hin, weil sie nicht immer nur sich selbst in den Mittelpunkt stellen wollen und müssen. Das ist nicht selbstlos, das ist schlau. Bei Peggy fand ich vor allem interessant, dass sie mehr oder weniger bewusst Frauen als Vorgesetzte gesucht hat. Dabei muss ich daran denken, wie oft Frauen einander im Weg stehen und einander behindern. Es ist doch viel produktiver, wenn wir unsere Stärken erkennen und andere Frauen im Job nicht als Konkurrenz wahrnehmen, sondern als Verbündete. Wenn wir von ihren Stärken profitieren, statt gegen sie zu kämpfen. Aber das gelingt uns noch zu selten – leider.

»Sie hat den Blick fürs Detail«

Die mutige Teamplayerin

MANUEL VIEIRA DA COSTA (21), Kochauszubildender
im Restaurant des »Hotel Berlin, Berlin«, Berlin,
über seine Chefin

Manuel Vieira da Costa ist ein hochgewachsener junger
Mann mit wachen Augen, der mich mit einem freundlichen Lächeln im Gesicht begrüßt, das er das ganze Gespräch über behält. Er erzählt begeistert von seinem Job
und seinem Alltag in der Küche. Er sieht aus wie jemand,
der verdammt neugierig ist und der viel lernen will. Mal
sehen, was seine Chefin ihm beibringt.

Wenn ich in der Berufsschule etwas erzähle und sage »Meine Chefin ...«, dann sehen mich meine Mitschüler erstaunt an. Dass es weibliche Küchenchefs gibt, ist noch sehr ungewöhnlich in der Branche. Es werden vielleicht mehr in letzter Zeit. Aber meistens sind es nach wie vor Männer, die in der Küche das Sagen haben. Und so staunen die Mitschüler auch erst mal alle nicht schlecht, wenn ich ihnen erzähle, was meine Chefin schon geleistet und was sie schon erreicht hat. Dann sind sie echt beeindruckt.

Ich mache eine Ausbildung zum Koch, ich bin jetzt im zweiten Lehrjahr. Frau DeOcampo-Herrmann war nicht von Anfang an da, sie kam vor einem Jahr ins Hotel. Sie kümmert sich um uns Azubis, ist unsere feste Ansprechpartnerin. Der Alltag mit ihr ist sehr angenehm. Sie ist sehr aufmerksam und aufgeschlossen, unterstützt und hilft uns, wo sie kann. Mir sind bei einem Chef vor allem Ehrlichkeit, Respekt und Freundlichkeit wichtig.

Wenn Frau DeOcampo-Herrmann gerade keinen Posten in der Küche besetzt und direkt mit uns zusammenarbeitet, ist sie meistens im Büro. Aber sie kommt von dort aus sehr oft zu uns und fragt, ob alles in Ordnung sei oder ob wir Hilfe bräuchten. Meine Chefin geht immer fair mit uns um, aber sie kann auch streng sein. Es ist klar, dass sie die Oberhand hat. Sonst würde ihr wahrscheinlich jeder auf der Nase herumtanzen. Ohne Führung funktioniert es nicht in der Küche. Wenn etwas mal nicht so läuft, wie es soll, dann macht sie uns Feuer. Und wenn das Zeugnis nicht stimmt oder das Berichtsheft nicht abgegeben ist, dann kommt auch eine Abmahnung von ihr.

Sie ist sehr engagiert und gibt uns jeden Monat eine Schulung. Das ist ebenfalls außergewöhnlich: Keiner meiner Mitschüler bekommt das in seinem Unternehmen. Es ist ein Zusatzangebot, in das unsere Chefin eine Menge Zeit und Mühe investiert. Dafür verlangt sie uns aber auch einiges ab: Wir müssen alle an den Schulungen teilnehmen, Hausarbeiten schreiben und die auch pünktlich abgeben. Und wenn mal jemand nicht richtig zuhört oder sogar dazwischenredet, kann sie auch schon mal etwas lauter werden. Aber das finde ich ganz normal und ich finde es auch richtig.

Sie ist eine sehr gute Lehrerin. Wenn sie eine neue Sache erklärt, dann zeigt sie uns immer ganz genau, wie wir es machen sollen. Wir probieren es aus, während sie danebensteht. Dann üben wir es und sie kontrolliert nur noch – sie kommt dann zum Beispiel irgendwann danach zu mir und sagt: »Komm, mach jetzt noch mal die Bayrisch Creme.« Das ist genau richtig so. Vor allem, dass sie uns exakt zeigt, wie es gemacht wird, finde ich toll. Vom Erklären alleine versteht man es ja meistens nicht. Also mir persönlich geht es zumindest so, dass ich es dann nach fünf Minuten wieder vergessen habe. Ein Mann kann sicher genauso gut erklären. Meine Chefin ist als Frau nur viel geduldiger.

Ihr Job macht ihr sichtlich Spaß. Wenn sie am Herd steht, dann blüht sie richtig auf. Vor allem die kreativen Sachen, die macht sie sehr gern. Ich denke aber, dass ihre Motivation auch aus ganz persönlichen Quellen kommt: aus ihrer Familie, dem Erfolg bei Wettbewerben und sicher ist es für sie auch schön zu sehen, wenn wir Azubis eine gute Prüfung ablegen. Sie ist ja schließlich für uns verantwortlich und das ist dann eine schöne Rückmeldung an sie. Ich denke, dass sie stolz auf uns ist, wenn wir gute Leistungen vorweisen können. Das bringt sie auch zum Ausdruck. Der Chef sagt vielleicht: »Das war super, gut gemacht.« Aber Frau DeOcampo-Herrmann sagt: »Ich bin stolz auf dich. Mach weiter so!« Sie bringt eine persönliche Ebene rein. Und das motiviert einen noch stärker. Uns Männer kriegt man ja auch immer über ein Lob.

Was ich auch toll finde: Meine Chefin geht immer ein Risiko ein. Auf großen Veranstaltungen, da muss man ja sehr genau kalkulieren, wie viel Essen man vorbereitet. Sie ist da immer lieber etwas zurückhaltender und sagt: »Okay, Jungs, bereitet nicht so viel vor.« Wenn die Sachen nicht gegessen werden, landen sie schließlich im Müll. Sie legt Wert darauf, dass nichts verschwendet wird. Und sie hat ein gutes Gefühl dafür, was eine bestimmte Veranstaltung braucht. Sie schaut auch auf die Zahlen, denkt für das Unternehmen mit. Ich finde, das zeigt, dass sie mutig ist und ihr Handwerk versteht. Die Mengen, die sie kalkuliert hat, haben immer ausgereicht.

Männer agieren meistens nach dem Motto: Besser mehr vorbereiten und auf Nummer sicher gehen, statt die Risikovariante zu wählen. Dabei ist Mut ja eine Eigenschaft, die man Frauen oft nicht zutraut. Die meisten Frauen, die ich im Beruf kennengelernt habe, wagen auch nicht viel. Meine Chefin ist da wohl eine Ausnahme. Frau DeOcampo-Herrmann entscheidet nichts leichtfertig, aber sie ist spontan und setzt auch mal auf Risiko. Dabei bleibt sie immer ruhig und gelassen. Männer sind in der Küche eher hektisch. Also ich bin zumindest sehr hektisch. Die anderen sagen zwar immer, dass man es mir nicht ansieht, aber innerlich bin ich oft sehr nervös, wenn es hoch her geht. Vielleicht kann ich irgendwann noch lernen, wie ich nicht nur nach außen hin ruhig bleibe.

Frau DeOcampo-Herrmann hält uns als Team zusammen. Sie steht einfach hinter uns. Und da kommt immer ein lockerer Spruch – wenn mal etwas schiefgeht, sagt sie: »Kommt, Jungs, Kopf hoch! Es geht weiter.« Durch ihre Erfahrung und ihre sympathische Art schafft sie eine besondere Atmosphäre unter den Kollegen. Ich denke, dass eine Frau das eher erreicht als ein Mann. Vielleicht zeigt sich da auch so eine Art Mutterinstinkt. Aber nicht im negativen Sinne: Sie passt auf uns auf, aber sie bevormundet uns nicht. Männliche Chefs motivieren natürlich auch. Da habe ich auch schon erlebt, dass es hieß: »Das war klasse!« Frauen haben aber ein größeres Herz. Und wenn man ein Kompliment von einer Frau bekommt, hat es immer noch eine andere Qualität. Da freut man sich irgendwie doppelt, finde ich. Ich weiß nicht genau warum. Frauen sind durchsetzungsstark – das eine schließt das andere nicht aus. Sie erreichen ihre Ziele, aber sie sind netter, menschlicher dabei.

Ich habe schon eine Menge von Frau DeOcampo-Herrmann gelernt. Ich fahre auch auf Turniere mit ihr, da bekomme ich besonders viel mit. Sie wurde als einzige Frau in den Kader der Nationalmannschaft der Köche Deutschlands berufen. Sie hat sich nicht beworben, sondern wurde dorthin eingeladen. Das ist eine riesige Ehre. Und es zeigt doch, dass sie wirklich viel kann. Ich denke, dass sie sehr hohe Ansprüche an sich selbst hat. Gleichzeitig ist sie ziemlich bescheiden. Aber wenn sie dann in der Küche steht und voll in ihrem Element ist, dann kann man sie nicht bremsen – dann erlebt man teilweise einen ganz anderen Menschen. Männer würden an ihrer Stelle wohl sich und ihre Position viel stärker in den Vordergrund schieben, nach dem Motto »Ich muss jetzt zeigen, dass ich hier der Chef bin«. Meine Chefin ist selbstbewusst, aber sie protzt nicht.

Ich denke nicht, dass man sagen kann, dass eine Frau in diesem Beruf grundsätzlich besser ist als ein Mann. Natürlich kann auch ein Mann ein guter Koch sein und dafür gibt es ja viele Beispiele. Koch zu sein ist aber auf jeden Fall ein sehr harter Beruf. Es ist körperlich anstrengend und auch mental eine immense Herausforderung: Man muss mit dem Druck klarkommen, der in der Küche herrscht, vor allem in der gehobenen Gastronomie. Männer schaffen das vielleicht eher. Aber jeder muss grundsätzlich wissen, ob er das alles überhaupt will.

Frauen gehen anders mit bestimmten Situationen um, finde ich. Die denken vorher dreimal nach. Wir Männer erledigen alles sofort, wenn wir eine Aufgabe kriegen. Frauen warten lieber eine Minute und sagen dann: »Okay, wir machen es so und so.« Ich denke, das ist der bessere Weg. Denn Frauen lösen damit häufiger Probleme. Sie finden Möglichkeiten, mit denen etwas besser läuft oder man vielleicht einen Arbeitsschritt oder einen Weg spart. Das kann nur von Vorteil sein. Und es ist ja auch nicht so, dass Frauen deshalb immer langsamer sind – weil sie zu lange überlegen. Sie sind nur bedachter als Männer. Und kreativer, glaube ich. Das haben sie irgendwie im Blut. Auch die Nerven spielen bei der Arbeit am Herd eine ganz große Rolle. Man muss immer ruhig bleiben und eine Aufgabe nach der anderen abarbeiten. Selbst wenn ein Riesenstress ausbricht. Dann muss alles extrem schnell gehen und exakt stimmen, auf den Punkt: Wenn du weißt, dass der Teller in fünf Minuten angerichtet sein muss, und du bist noch nicht fertig – das ist wirklich heftig. Der Ton untereinander ist dann manchmal auch sehr rau. Es fallen eben Worte und es wird mal lauter – wie Männer nun mal sind. Vielleicht setzen sich deshalb so wenige Frauen in dem Job durch. Ich denke, dass sie sich in der Küche mehr beweisen müssen als Männer. Sie müssen mit den Männern mithalten und sogar noch ein bisschen mehr Leistung bringen.

Außerdem ist unser Beruf auch körperlich sehr anstrengend: Als Koch musst du richtig ackern. Wir müssen zum Beispiel die vielen schweren Töpfe schleppen. Und wenn du für zweihundert Leute ein Buffet vorbereitest, dann trägst du die ganze Zeit Dinge hin und her. Falls der Chef sagt: »Hol mal zehn Kilo Kartoffeln«, musst du die genauso anpacken. Dabei muss man sich auch die ganze Zeit über konzentrieren. Es ist ja nicht nur das Essen, es muss alles topp sein. Es muss alles stimmen und du bist dafür verantwortlich.

Frau DeOcampo-Herrmann schafft das, sie ist eine starke Persönlichkeit. Die braucht man in der Küche auch. Aber man muss es erst mal schaffen, dass man so eine hohe Position wie sie erreicht und mit so viel Druck klarkommt. Da bewundere ich sie. Sie steht auch nicht nur am Rand und gibt Anweisungen, sie ist immer mittendrin. Obwohl das eigentlich bei allen Leuten in der Küche so ist. Wenn es wirklich hoch hergeht, dann packen alle mit an.

Besonders bei den Feinarbeiten kann aber meine Chefin mir viel beibringen. Wie man etwas auf dem Teller anrichtet und die Dekoration: Wenn das toll aussieht, wertet es ein gutes Essen noch mal richtig auf. Man kann Frau DeOcampo-Herrmann fragen, was man an einem Teller noch verbessern könnte, und sie findet immer noch etwas, das es eine Nuance schöner macht. Sie hat viele neue Ideen in unsere Küche mitgebracht. Getrocknete Tomaten zum Beispiel, mit denen haben wir vorher nicht gearbeitet, jetzt setzen wir sie zur Dekoration ein und das gibt tolle Effekte. Oder Kartoffelchips: Kartoffeln kann man schön ausstechen, frittieren oder daraus ein Segel oder eine Rolle formen. Das sind Sachen, die sie mir beigebracht hat.

Frauen haben für solche Dinge auch einfach ein besonderes Gespür, denke ich. Wir Männer sind eher fürs Grobe gemacht. Also wir können auch ganz fein arbeiten, wenn wir wollen, aber am Ende geben oft Frauen trotzdem noch den Feinschliff. Und dieser Feinschliff, den braucht man. Den muss ich auch noch lernen. Aber Frau DeOcampo-Herrmann bringt mir das schon bei.

Sie hat den Blick fürs Detail: Bei der Vorbereitung der Zwischenprüfung, da hat sie mir zum Beispiel wertvolle Tipps gegeben und Dinge gesagt, auf die ich von allein nie so geachtet hätte. Es waren Details – wann stelle ich einen Teller kalt, wann stelle ich einen Teller warm –, mit denen man einfach Pluspunkte sammeln kann bei den Prüfern. Durch ihre Erfahrung weiß sie einfach, worauf es ankommt. Und sie gibt ihr Wissen weiter. Sie ist immer sehr offen und zeigt mir alles, was ich wissen will. Ich kann jederzeit mit Fragen zu ihr kommen. Wenn man ein Problem hat, dann geht man auch eher zu ihr anstatt zum anderen Küchenchef. Sie ist einfühlsamer.

Es sind alles keine großen Geheimnisse, die sie uns da näherbringt. Andere Leute könnten mir so was auch zeigen, die Kollegen aus der Patisserie zum Beispiel könnten mir beibringen, wie man perfekt dekoriert und anrichtet. Frau DeOcampo-Herrmann nimmt sich ganz bewusst die Zeit dafür und nutzt die Möglichkeit, uns zu trainieren.

Sie hat auch überhaupt kein Problem damit, ihr Wissen weiterzugeben. Unsere Küche ist da in der Branche aber auch eher die

Ausnahme: Bei uns ist kaum Konkurrenz spürbar. Klar, grundsätzlich will ja schon jeder einen höheren Posten haben. Ich würde sogar gern Küchenchef werden irgendwann. Das muss ich auch ganz ehrlich zugeben: Wenn ich gegen eine Frau antreten müsste für meinen Traumjob und sie bekäme ihn, dann wäre das wahrscheinlich ein kleines bisschen schmerzhafter, als wenn ein Mann an mir vorbeiziehen würde. Es gibt sehr gute Köchinnen, aber da könnte ich als Mann nicht aus meiner Haut heraus.

Ich bin am liebsten auf dem Fleischposten. Ich war gerade vier Monate lang beim Frühstück und das ist nicht ganz mein Fall. Fleisch: Das klingt vielleicht nach dem männlichen Klischee. Aber es gibt auch viele Männer, die am liebsten in der Patisserie sind. Für mich sind eben Fisch, Fleisch und Saucen die größte Herausforderung. Ein Steak, das muss genau auf den Punkt gebraten sein.

Viele machen sich falsche Vorstellungen von dem Beruf. Mein großer Bruder ist Koch. Dadurch wusste ich schon ungefähr, was es bedeutet. Mich hat immer sehr beeindruckt, was er erzählt hat. Aber die Realität ist trotzdem eine andere, ich bin auch ein Stück weit aufgewacht im ersten Lehrjahr – wenn man begreift, was der Job wirklich bedeutet. Und dabei haben wir noch Glück, dass wir meistens nach acht Stunden nach Hause gehen können. Überstunden werden hier in meinem Unternehmen festgehalten und können auch ausgeglichen werden. In der Berufsschule kriege ich manchmal mit, dass andere sechs Tage die Woche jeweils 14 oder 15 Stunden durcharbeiten. Das ist ja eine ganz andere Welt.

Wenn wir eine Stunde länger machen, dann sagt die Chefin auch Danke schön. Eigentlich ist es in der Gastronomie selbstverständlich, dass man mal eine oder zwei Stunden länger bleibt. Frau DeOcampo-Herrmann weiß es trotzdem zu schätzen, wenn man sich reinhängt. Sie ist dann ehrlich dankbar und das zeigt sie auch. Frauen können sowieso leichter über ihre Gefühle sprechen. Und ich denke, dass es ihnen dadurch leichter fällt, auch mal ein

Lob zu verteilen. Und so ein nettes Wort vom Chef gibt einem als Mitarbeiter doch wieder Power, um weiterzumachen.

Der Umgangston ist auch ein anderer, wenn Frauen im Team sind. Man reißt sich zusammen. Wenn eine Frau dabei ist, fällt das ein oder andere Wort, das man sonst gedankenlos ausspricht, eben nicht. Frau DeOcampo-Herrmann macht aber jeden Spaß mit. Ihr gegenüber darf man schon mal einen Scherz machen und sie lacht auch mit. Sie ist einfach ein lockerer Typ.

Die Küche zu Hause ist ja eigentlich eine Frauendomäne. Dass es trotzdem so viele Männer in diesen Beruf zieht, liegt sicher daran, dass er so viel miteinander verbindet: Man kann kreativ sein und sich richtig austoben. Aus einfachen Dingen entstehen total leckere Sachen, das ist spannend. Und es ist doch einfach cool, was man alles aus einer Möhre machen kann. Ich mag diese Geschäftigkeit, wenn à la carte gegessen wird und es fliegt eine Bestellung nach der anderen herein, die Bonmaschine rattert von 18 Uhr an ohne eine Pause bis Mitternacht. Wenn wir am Ende noch ein Lob vom Gast bekommen, ist das großartig. Wenn einer auf uns zukommt und sagt: »Das Essen war lecker, die Buffets sahen gut aus«, dann freut man sich. Das sind Glücksmomente. Dann kommst du von der Arbeit nach Hause und weißt, was du getan hast. In diesem Beruf kannst du sehr erfolgreich sein. Vielleicht führe ich irgendwann mal ein eigenes Restaurant? Als Koch hört man nie auf zu lernen. Da stehst du auch in vierzig Jahren immer noch nicht still.

*

Manuel steht ganz am Anfang. Er ist neugierig und wissensdurstig. Er braucht Vorgesetzte, die verantwortungsvoll damit umgehen, die ihn fördern. Manuels Chefin tut das offenbar sehr gut und besser als andere. Sie ist selbst noch jung, hat aber in ihrem Beruf schon viel erreicht und gibt ihr Know-how gern weiter. Darüber möchte ich mit ihr selbst sprechen und vereinbare einen Termin mit »der Chefin«. Ich denke auch darüber nach, dass es nur gut sein kann, wenn junge Menschen wie Manuel mit weiblichen Vorgesetzten in den Beruf starten – wenn sie also von Anfang an Chefinnen haben. Gerade wenn es wie hier in der Spitzengastronomie noch nicht viele Frauen in Führungspositionen gibt. Während es für viele seiner Kollegen der Normalzustand zu sein scheint, dass die Küche eine Männerdomäne ist, ist für ihn das gewohnte Bild, dass dort auch Frauen arbeiten und zwar auch als Chefinnen. So wird er als Küchenchef eines Tages sicher eher Frauen einstellen, als die Männer vom alten Schlag es tun würden.

»Da bin ich egoistisch«

Die fleißige Multitaskerin

SUSANNE DEOCAMPO-HERRMANN (32), Souschefin
im Restaurant des »Hotel Berlin, Berlin«, Berlin

Ein paar Tage später treffe ich also Manuels Chefin,
Susanne DeOcampo-Herrmann. Sie ist eine sehr sympathische Frau, die ruhig und mit Bedacht spricht. Wenn
ich daran denke, wie Tim Mälzer oder Jamie Oliver im
Fernsehen durch ihre Küchen fegen und so tun, als hätten
sie höchstpersönlich die Kartoffel erfunden, ist diese
Frau dagegen völlig anders. Sie ist alles andere als eine
Rampensau. Sie verkauft sich nicht lautstark, sondern ist
leise und zurückhaltend. Ich höre ihr trotzdem gern zu.

ch bin Köchin geworden, weil mein Bruder – der ist auch Koch – immer zu mir gesagt hat: »Das schaffst du nicht! Das kannst du sowieso nicht.« Das hat mich angestachelt. Aber dann hat es auch Spaß gemacht. Ich habe ein Praktikum in der Küche gemacht und habe bei ihm als Spüler gearbeitet, um ein Taschengeld zu verdienen. Dann bin ich Stück für Stück da reingewachsen.

Eine Führungsposition zu erreichen, das war schon früh ein Ziel von mir. Man kann auch einfach nicht sein ganzes Leben in der Küche stehen, das geht schon vom Körperlichen her gar nicht. Das schafft man nicht, es ist viel zu anstrengend. Wie Manuel schon erzählt hat: Man muss schweres Geschirr und große Mengen Lebensmittel schleppen, das geht wirklich an die Substanz. Als Chefin ist man wenigstens ab und zu als Ausgleich noch im Büro.

Ich betreue die Azubis. Es sind zehn, die Koch werden. Und dann die Lehrlinge, die aus dem Restaurant kommen oder aus dem Frontoffice, die müssen während ihrer Ausbildung auch alle für zwei bis drei Monate in die Küche. Mir liegt viel daran, diesen jungen Menschen etwas zu zeigen. Ich war selbst in vielen Häusern, in denen der Nachwuchs kaum wahrgenommen wurde. Da gab es keine Schulungen, die jungen Mitarbeiter sind einfach nur mitgelaufen und wurden vor allem als billige Arbeitskräfte gesehen. Und dann hat man sich aufgeregt, dass sie in der Prüfung durchgefallen sind.

Als Frau sehe ich sicher eher die Gefühle und Ängste so eines jungen Menschen als ein Mann. Vielleicht kann man das Mutterinstinkt nennen, es ist auf jeden Fall eine weibliche Stärke. Für mich bedeutet dieses Engagement zwar Überstunden. Aber das ist es mir wert. Es war mir schon immer ein wichtiges Anliegen, den Nachwuchs zu unterstützen. Ich möchte den Azubis meine Leidenschaft für den Beruf zeigen und ein Stück weit vielleicht auch mitgeben. Ich will, dass sie sehen: Das ist ein aufregender Beruf! Wenn man die Basics kennt, dann kann man alles machen, was man möchte. Und ich will ihnen die Liebe fürs Detail vermitteln: Sie sollen nicht einfach nur das Menü rausschicken, sondern was Persönliches dazu tun. Mit schönen Details kann man wirklich alles noch besser machen. Man sollte sich selbst und die Gäste immer wieder überraschen: das Fleisch mal anders anrichten, zum Beispiel in einer anderen Form, oder ein Deko-Element draufsetzen, vielleicht einen Croûton oder Chip. Oder einen Semmelknödel: Der muss doch nicht immer rund sein, das kann doch auch mal ein Würfel sein.

Die Menüs werden uns ja meist vorgegeben. Aber da ist noch so viel Platz für eigene Kreativität. Den sollte man nutzen und daraus lernen. Mir macht das großen Spaß. Solche Dinge werden natürlich auch nur gut, wenn man sie gern macht. Wenn man nur in der Küche steht und denkt: Wann kann ich endlich nach Hause gehen ..., dann funktioniert es nicht. Wenn ein Anfänger so denkt, wird es ihm den Hals brechen. Wenn man keine Liebe für den Beruf hat und fürs Detail, dann kommt man nicht weit.

An meinem Beruf liebe ich vor allem die Kreativität. Dass man verschiedene Einflüsse verbinden kann. Meine Tante stammt zum Beispiel aus Korea, ich bin also zum Teil mit koreanischer Küche aufgewachsen. Mein Ehemann kommt ursprünglich von den Philippinen. Es macht Spaß, das auf dem Teller zusammen-zubringen. Und den anderen auch mal zu zeigen: Guckt mal, da und da machen sie so was.

Ich glaube nicht, dass Frauen so viel besser arbeiten als Männer, aber sie arbeiten auf jeden Fall härter. Sie arbeiten meist doppelt so viel und hart wie Männer, um an ihr Ziel zu kommen. Weil sie das müssen. Die männliche Konkurrenz ist stark und sie lassen die Frauen nicht so einfach zum Zuge kommen. Das habe ich mehrmals selbst erlebt. Einmal hatte ich zum Beispiel einen guten Job und hätte dort aufsteigen können. Aber der Chef hat jemand anderen bevorzugt. Und er hat mir auch gesagt warum: Er wollte, dass ich zu Hause bei den Kindern bleibe. Ohne mich zu fragen, ob ich das auch so möchte. Das war verdammt hart. Vor allem, weil derjenige, der dann aufgestiegen ist, gar nicht meine Fähigkeiten oder Ausbildung hatte und ich ihm sogar noch unter die Arme greifen musste. Am Ende habe ich eigentlich seinen Job gemacht. Daraus habe ich aber auch gelernt. Wir Frauen verkaufen uns oft nicht gut genug. Als ich gelesen habe, was Manuel über mich geschrieben hat, war das ein ganz komisches Gefühl, so gelobt zu werden. Ich bin sehr selbstkritisch. Das spornt mich aber auch an: Wenn man sich selbst und seine Leistungen nicht zu positiv sieht, nicht so schnell zufrieden ist mit sich, dann will man immer besser werden, immer noch mehr an sich arbeiten. Aber es ist anstrengend.

Es ist ein unbewusster Prozess, der da abläuft. Auch bei den Männern, die ja oft das genaue Gegenteil sind, die zu sehr von sich überzeugt sind. Da schüttele ich ja manchmal den Kopf und denke: Gott, Hauptsache, du bist nicht so! Für mich ist das überhaupt nicht erstrebenswert. Wenn ich mir vorstelle, erst würde ich behaupten, ich bin die Allerbeste und kann alles, dann gucken tausend Leute zu und ich mache etwas falsch. Das wäre doch total blöd.

Inzwischen weiß ich, wann ich noch mal eine Schippe drauflegen muss. Das muss man aber echt lernen und sich jedes Mal Mühe geben, sich wirklich jedes Mal selbst wieder einen Tritt in den Hintern geben. Bei der verpassten Beförderung damals, da habe ich hinterher natürlich schon gedacht: Hättest du mal was gesagt … Und beim nächsten Mal habe ich dann halt den Mund aufgemacht.

Ich habe auch schon während meiner Ausbildung immer freiwillig nebenher Schulungen besucht und ich hatte auch Förderer im Laufe meiner Karriere. Ich habe zum Beispiel in der Lehre die Abschlussprüfungen vorgezogen und die Bedingung meines Küchenchefs dafür war, dass ich bei einem Kochwettbewerb mitmache. Das verstehe ich auch als Förderung. Außerdem hat er mir Leute vorgestellt, die mir unter anderem ein Stipendium in Amerika ermöglicht haben. Ich habe eine ganze Zeit lang in den

USA gelebt und gearbeitet. Einen Job in der Berliner Botschaft habe ich auch über die Kontakte bekommen. Das sind alles so Verbindungen, die man nur knüpft, wenn man mehr macht, als man eigentlich muss. Ich denke, Leistung setzt sich immer durch und wird auch gesehen.

Schon anderthalb Jahre nach meiner Ausbildung hatte ich die erste leitende Stelle. Es gibt nur sehr wenige weibliche Führungskräfte in der Gastronomie. Die meisten Frauen, die ich kenne, in dem Job haben wegen der Kinder die Karriere aufgegeben. Wenn sie eine Familie gründen oder auch nur heiraten, dann treten sie zurück und sagen: »Ich kümmere mich jetzt um meine Kinder, das andere ist mir zu viel.«

Ich arbeite zehn bis 16 Stunden pro Tag. Und ich habe zwei Kinder – im August werden sie vier und sechs Jahre alt. Der Große geht dann in die Schule, meine Kleine ist noch im Kindergarten. Außerdem bauen wir noch ein Haus, mein Mann und ich. Es war schon immer so bei mir, dass viel auf einmal los war. Ich habe meine Familie nicht wirklich geplant. Das kam überraschend. Ich war verliebt, es hat sich einfach ergeben. Daher stand für mich nie die Entscheidung an, dass ich den Job deswegen aufgeben würde. Ich war zwar mal ein Jahr lang zu Hause, weil es in Amerika furchtbar schwer war, gute und bezahlbare Kinderbetreuung zu finden. Aber da war das Geld dann auch irgendwann knapp. Amerika ist ein hartes Pflaster, wenn man eine Familie hat. Wenn man ohne Kinder hingeht, vielleicht mit einem Partner, dann ist es super. Man kann dort gut verdienen, man kann Karriere machen. Ganz toll. Aber mit Kindern ist es extrem schwer. Es gibt dort keinen Mutterschutz, nach zwei Monaten geht man wieder arbeiten. Man kann es sich gar nicht leisten, länger zu pausieren. Und auch jetzt könnte ich mir kein Haus leisten, wenn ich nicht weiterarbeiten würde.

Viele haben mich damals kritisiert und gesagt: »Oh Gott, wie kann man das nur machen! Schrecklich! Ein Kind braucht doch

Fürsorge.« Auch heute noch sagen Kollegen oft: »Warum machst du das überhaupt?« Oder: »Du solltest zu Hause sein bei deinen Kindern!« Diese Kritik tut weh, das ist verletzend. Und es ist unnötiger Stress, den man dadurch hat. Ich musste mir auch sagen lassen, dass ich karrieregeil sei. Ich glaube nicht, dass es Neid ist, der die Leute da antreibt. Ich bin doch nicht so besonders, dass man auf mich neidisch sein muss. Aber viele verstehen einfach nicht, dass man als Frau diesen Weg geht. Sie sind es vielleicht auch einfach nicht gewohnt, sie kennen nur das klassische Bild von der Frau, die zu Hause die Kinder hütet. Sie haben sowieso nur Klischees im Kopf. Die Frauen in besseren Jobs haben sich alle hochgeschlafen und solchen Blödsinn.

Abgesehen davon, dass ich mich gar nicht rechtfertigen muss und mag, liebe ich meine Kinder über alles. Natürlich habe ich auch manchmal Schuldgefühle und denke: Oh, mein Gott. Was tue ich da meinen Kindern an? Aber ich verbringe jede freie Minute mit meiner Familie. Auch wenn ich bis zwei Uhr nachts arbeite, stehe ich trotzdem um sechs Uhr auf und kümmere mich um die beiden. Wo manch anderer dann vielleicht lieber ausschläft und die Kids vor den Fernseher setzt.

Und es hilft Kindern auch nicht, wenn der Kühlschrank leer ist und man nicht weiß, was man in der nächsten Woche essen soll. Als ich nicht gearbeitet habe, hat mir der Job gefehlt. Alleine mit den Kindern zu Hause zu sein, das ist ja auch nicht immer einfach. Die nächste Krabbelgruppe war anderthalb Stunden mit dem Auto entfernt. Und wenn es finanziell eng ist, ist das Babyschwimmen gestrichen. Da fällt einem irgendwann die Decke auf den Kopf. Ich kann mir jedoch einfach nicht vorstellen, mich jeden Tag von früh bis spät nur mit meinen Kindern zu beschäftigen.

Wegen der Kinder sind wir dann wieder nach Deutschland zurückgekommen. Hier habe ich meine Eltern, die können helfen. Ohne meine Mutter würde ich das nicht schaffen. Wir wohnen alle gemeinsam in einem großen Haus. Dadurch sind wir natürlich in einer idealen Situation. Die Kleinen werden nicht ständig aus ihrer normalen Umgebung rausgerissen. Und da ist es auch nicht so schlimm, wenn ich mal erst nachts um zwei Uhr nach Hause komme. Dann liegen die Kinder in ihrem eigenen Bett. Ich muss sie nicht erst wecken und ins Auto verfrachten oder so, sondern sie schlafen in ihrem Zimmer. Und wenn sie morgens aufwachen, dann bin ich da. Das ist schon ein bisschen was anderes, als wenn man sie immer erst abholen muss und zehn verschiedene Leute auf die Kinder aufpassen.

Mein Mann steht auch hinter mir. Er ist ebenfalls Koch. Deshalb versteht er, was der Beruf bedeutet. Und wir können uns gut ergänzen, da wir uns auch mal mit unseren freien Tagen abwechseln können.

Meine Mutter hat es ganz anders gemacht: Sie war Hausfrau und ist mit uns zu Hause geblieben. Trotzdem respektiert sie meinen Weg völlig, weil sie gesehen hat, wie hart ich dafür gearbeitet habe, um dorthin zu kommen, wo ich jetzt bin. Ich bewundere meine Mutter dafür, dass sie sich so intensiv um uns gekümmert hat. Als Kind fand ich das auch toll: Sie war immer da, wenn ich aus der Schule kam. Mein Vater hatte über Mittag frei, wir haben jeden Tag als Familie zusammen gegessen. Das war wunderschön. Ich bewundere meine Mutter wirklich dafür, dass sie das so machen konnte, und auch andere Frauen, die das können – ich achte das sehr. Aber ich selbst bin zu rastlos und, ja, manchmal denke ich, auch zu egoistisch dafür. Dieser Egoismus ist aber gesund für mich. Und die meiste Kraft für den Job kommt auch von zu Hause.

An meinem Job macht mir vor allem Spaß, dass ich ständig meine Fähigkeit zum Multitasking beweisen muss. Wenn ich immer nur auf einem Posten wäre, zum Beispiel als Sauciere, dann würde mir das irgendwann zu eintönig werden. Daran hätte ich schnell keinen Spaß mehr. Für mich ist es keine Belastung, verschiedene Sachen gleichzeitig zu machen, sondern es wird erst richtig gut, wenn immer noch mehr zu tun ist. Da bin ich in der Küche absolut richtig.

Als ich schwanger war, habe ich bis zum achten Monat in der Küche gearbeitet. Da sind die Arbeitskollegen immer gekommen und haben mir alles abgenommen: Kisten, die ich tragen musste, oder wenn ich irgendwas Schweres von weit oben aus einem Regal holen musste. Ich bin kein Mensch, der so etwas zulässt. Ich kann die gleiche Arbeit machen wie die anderen auch. Klar, da kommt mein Stolz durch. Aber vielleicht kann man als Frau auch nur so bestehen. Einer meiner früheren Chefs war extrem gegen Frauen. Der hat gesagt: »Nee, auf keinen Fall stelle ich eine Frau an!« Ich habe einen Tag probegearbeitet und dann hat er mir den Job gegeben. Er hat mir nie gesagt, wie ich ihn von mir überzeugt habe. Aber ich denke, es war eben diese Art – dass ich als Frau ganz selbstverständlich so hart arbeite wie die Männer.

Viele Frauen sind da anders. Die holen immer die Männer, wenn etwas zu tun ist, was ihnen angeblich zu anstrengend ist. Die sagen ständig: »Hol mir mal die Kiste runter, mach mal dies, mach mal das für mich.« Er musste wahrscheinlich nur sehen, dass ich nicht so bin.

In der Küche herrscht natürlich auch ein rauer Ton. Mich stört das gar nicht. Man sagt doch selbst auch mal, was Sache ist, und schimpft los. Aber das ist dann wirklich dem Stress geschuldet. Und wenn es zu arg war, klärt man es nach Feierabend: »Tut mir leid, war nicht so gemeint. Das war blöd.« Viele Frauen sind da sehr abgeschreckt, wenn sie das zum ersten Mal erleben. Es gibt schon viele Kerle, die am Herd eine Menge blöde Sprüche ablassen, die auch mal unter die Gürtellinie gehen. Aber dann sieht man da eben drüber hinweg und sagt nur: »Ja, ja, mach mal.« Man muss sich ein dickes Fell zulegen und man muss nicht alles ernst nehmen, weil so doofe Sprüche nun mal einfach kommen. Es lohnt sich nicht, sich darüber aufzuregen. Die meisten denken da überhaupt nicht so drüber nach, was sie erzählen. Man kann einfach drüber lachen und denken: Mein Gott, das ist so blöd.

Bei mir muss aber auch viel passieren, dass ich mal laut werde. Wenn ich was sage, dann hat es triftige Gründe und ich brauche sehr, sehr, sehr lange, um so weit zu kommen, dass ich dann auch lauter werde. Letztens hatte ich zum Beispiel einen Azubi, der hat mit mir diskutiert und auch nach dem siebten Mal hat er noch diskutiert. Da war ich wütend. Wenn ich was sage, dann wird das gemacht und fertig.

Ich möchte eine faire Chefin sein, eine ehrliche Chefin. Ich möchte ein Teamplayer sein und niemand, der sagt: »Ich habe alles alleine geschafft, ohne irgendwelche Hilfe.« Denn ich glaube auch nicht dran, dass man es alleine schafft. Man hat immer irgendjemanden, der einem hilft oder einen inspiriert und unterstützt. Auch ich lerne jeden Tag noch etwas Neues. Wenn nicht beim Kochen direkt, dann im Management oder wenn es um Rechtliches geht oder technische Dinge am PC. Es verändert sich alles ständig, es kommen immer neue Leute und jeder hat einen anderen Stil. Das bleibt immer spannend.

*

Als ich angefangen habe, an diesem Buch zu schreiben, war mein Sohn gerade mal fünf Monate alt. Ich habe keine echte Babypause gemacht, sondern schon einige Wochen nach der Geburt weitergearbeitet. Meine Schwiegermutter hat mir einen Vortrag darüber gehalten, wie wichtig es für eine Mutter sei, das erste Jahr nicht zu verpassen, ich würde es sonst bereuen. Und die Blicke so mancher Ein-Jahr-Elternzeit-Mama sprachen Bände: Spinnt die denn? Solche Kritik tut weh und raubt Kraft. Obwohl ich selbst also diese Erfahrung gemacht habe und das Gefühl kenne, dass ich beides will und kann – Job und Kind –, bin ich bei den »zehn bis 16 Stunden« Arbeitszeit, die Susanne DeOcampo-Herrmann genannt hat, erst mal kurz zusammengezuckt, dachte auch: Wieso tut sie das? Und habe mich dann gleich über mich selbst geärgert. Weil sie es so will, tut sie es! Und weil es ihr Recht ist, frei zu entscheiden, wie sie leben will. Und weil es für sie und ihre Familie okay ist, sonst würde sie es schließlich nicht tun. Wir müssen wirklich toleranter werden! Vor allem müssen Frauen andere Frauen mehr unterstützen. Wir sollten unsere Meinungen genau prüfen und immer wieder an der Wirklichkeit messen. Sonst stehen wir uns nur gegenseitig im Weg.

»Ich bin enttäuscht von ihr«

Die charmante Nachlässige

SABINE WIRTZ (33),[*] Angestellte in der Marketingabteilung einer Kulturinstitution, Hamburg, über ihre Chefin

Sabine arbeitet in der Kulturbranche. Schöner Schein und hartes Geschäft gleichzeitig: Small Talk auf Vernissagen und Verhandlungen über das Finanzielle. Sabine hat ihre Chefin auf einer Veranstaltung kennengelernt, bei der sie beide in die Organisation eingebunden waren. Sie waren sich gleich sympathisch und Sabine war sofort eingenommen vom Wesen ihrer zukünftigen Vorgesetzten. Leider hat die Realität sie jetzt eingeholt.

[*] Name geändert

Gäbe es das Wort »Charisma« noch nicht, für meine Chefin Diana müsste es erfunden werden. Wenn sie einen Raum betritt, sind die Blicke auf sie gerichtet. Sie hat eine Superausstrahlung, Witz, Charme, sie ist attraktiv, drückt sich gewählt aus, kleidet sich toll und geht immer auf ihr Gegenüber ein: Man fühlt sich von ihr sofort wahrgenommen. Das hat mich gleich beeindruckt, als wir uns kennengelernt haben.

Ich bin durch Diana an meinen Job gekommen: Sie hat mich von meinem früheren Arbeitgeber abgeworben. Sie leitet die Abteilungen Marketing, Kommunikation und Sponsoring bei einer Kulturinstitution.

Wie in vielen dieser Häuser üblich, kommt in regelmäßigen Abständen von drei bis fünf Jahren ein neuer Intendant. Dass dann auch die Belegschaft wechselt, ist normal: Sie oder er darf den Führungsstab und die Mitarbeiter auswechseln. Diana hat ihre Position vor knapp drei Jahren übernommen. Weil Sponsoring für Kulturinstitutionen immer wichtiger wichtig wird und enorm zeitaufwendig ist, wurde ich ins Boot geholt. Ich bin nun ausschließlich für diesen Bereich zuständig.

Ich finde sie wirklich toll. Da ist so eine Grundsympathie zwischen uns. Das ist sehr angenehm. Sie kann toll auf Menschen zugehen, findet immer die richtigen Worte. Sie kennt sich sehr gut aus mit Theater und Kunst und ist nie um ein Small-Talk-Thema verlegen – ohne, dass es aufgesetzt oder künstlich wirkt. Sie ist eine richtige Dame. Am Anfang dachte ich: Von ihr kann ich noch viel lernen. Sie ist fast eine Art Vorbild – so ein Typ Frau, bei dem man denkt: So will ich auch mal sein. Und was ihr Auftreten angeht, da könnte ich tatsächlich viel von ihr lernen.

Leider habe ich erst nach einer Weile gemerkt: Ihre Fachkenntnisse lassen teilweise sehr zu wünschen übrig. In Sachen Kreativität und Kommunikation ist sie absolut top, aber wenn es um Inhaltliches und um die Umsetzung geht, da kann man sich nicht auf sie verlassen. Sie verzettelt sich schnell, kann schlecht mehrere

Dinge auf einmal erledigen – dabei sagt man doch immer, dass Frauen genau das gut können.

Wer macht dann ihre Arbeit? Wir Mitarbeiter. Sie baut sehr stark auf uns und das kann sie auch, denn sie hat ein tolles, fleißiges und kompetentes Team im Hintergrund. Wir erledigen die meiste Arbeit und halten ihr damit den Rücken frei. Natürlich ist das auch unsere Aufgabe, aber wir fangen schon eine Menge für sie ab. Aber: Wenn sie Informationen und Zuarbeit braucht, muss es schnell gehen. Benötigt man jedoch Infos oder Unterstützung von ihr, dann kann es Wochen dauern, bis man eine Rückmeldung bekommt. Vielleicht bin ich auch einfach noch etwas übermütig im neuen Job, zu engagiert vielleicht, und sie ist einfach nur entspannt? Aber ich muss schon sagen, dass ich, was Arbeitstempo und Einsatz betrifft, enttäuscht von ihr bin. Ich hatte gehofft, dass wir gemeinsam mehr hinkriegen würden. Dass wir ein Team mit mehr Power wären, in dem jeder den anderen unterstützt.

Ich bin ein ganz anderes Arbeitstempo gewohnt, will immer möglichst viel schaffen und mit ihrem Verhalten bremst sie mich teilweise aus. Ganz ehrlich: Manchmal frage ich mich, was sie eigentlich den ganzen Tag so macht. Vor 9:30 Uhr ist sie nie im Büro, sie kommt spät und geht früh. Alles, was dann nicht erledigt ist, muss halt bis zum nächsten Tag warten. Diese Entspanntheit finde ich einerseits sehr bewundernswert, denn kein Job der Welt sollte einen so stressen, dass man vielleicht irgendwann sogar krank davon wird – oft bringt mich diese Entspanntheit jedoch zur Weißglut.

Aber klar, sie hat viele Außentermine und Networking ist eine ihrer wichtigsten Aufgaben. Außerdem ist es nicht meine Aufgabe, über ihre Anwesenheit zu urteilen und darüber, wie und wo sie ihre Arbeitszeit verbringt – das ist Sache der Geschäftsführung.

Was sie gut kann: Sie gibt mir viele gute und wertvolle Tipps. Sie hat eben eine Menge Erfahrung. Sie ist auch sehr kreativ und hat tolle Ideen. Ihre Interessen und Stärken sind Ästhetik und Kom-

139

munikation – das macht sie gern und sehr gut. Und das sind ja auch Qualitäten, die man in diesem Job braucht. Aber die meisten ihrer guten Ideen bleiben liegen: Sie stößt viele Dinge an, verfolgt sie dann aber nicht weiter. Das ist eine Menge Potenzial, was da brachliegt. Vielleicht wäre das wieder Sache der Mitarbeiter, diese Ideen umzusetzen – vielleicht kann eine Führungskraft eben nicht alles gleichzeitig. Aber dafür haben wir Mitarbeiter auch nicht die Zeit und die Mittel. Alles Operative bleibt an mir hängen und das ist manchmal ganz schön anstrengend. Ungerecht finde ich es natürlich teilweise auch.

Wenn es um die Einforderung meiner Rechte geht, bin ich im Beruf leider »typisch Frau«. Das kriegen Männer einfach besser hin. Ich bin in diesem Punkt, wie wohl viele Frauen, zu vorsichtig und zu wenig selbstbewusst. Bei meinem jetzigen Job zum Beispiel bin ich in die Vertragsverhandlungen gegangen und war mit dem Angebot, das mir gemacht wurde, unzufrieden. Am Ende der Verhandlung – mit zwei Männern – hatte ich nicht mehr erreicht als zuvor. Mich beschleicht in solchen Situationen leider immer dieses Gefühl, dass ich doch froh sein könne, überhaupt einen Job im Kulturbereich zu haben. Und dann werde ich ganz kleinlaut. Männer können wahrscheinlich einfach besser pokern. Wir Frauen müssen noch tougher werden, noch selbstbewusster: Es gibt oft so große Unterschiede bei den Gehältern – das ist einfach unfair!

Vielleicht liegt es auch daran, dass man meistens mit Männern übers Geld verhandelt? Gegenüber Männern bin ich im Job, beziehungsweise in Verhandlungen oft weniger selbstbewusst als gegenüber Frauen. Ich finde, dass die Arbeit mit weiblichen Kollegen häufig angenehmer ist. Weil man sich meist neben den beruflichen Angelegenheiten auf einer persönlichen Ebene näherkommt und gut versteht. Wenn da eine gewisse Sympathie und Achtung voreinander da ist, kann das sehr bereichernd für den Job sein.

Grundsätzlich mag ich es deshalb auch total gern, mit einer Frau als Chefin zusammenzuarbeiten. Mit einem männlichen Chef habe ich bis jetzt noch nie dieses persönliche Level erreicht, da war immer eine größere Distanz – aber eben im negativen Sinne. Unter Frauen hatte ich schon oft die perfekte Kombination aus professioneller Distanz und Nähe, da wird es auch mal privater. Das finde ich wichtig, um sich im Job wohlzufühlen. Bei meinen letzten drei Chefinnen gab es auch nie Zickereien oder Ähnliches, das wird Frauen ja gern nachgesagt.

In meinem Job, den ich direkt vor meinem aktuellen hatte, hätte ich aber tausendmal lieber einen Mann anstelle meiner Vorgesetzten gesehen. Meiner Chefin dort fehlte es vor allem an Selbstvertrauen. Wir sind menschlich prima miteinander ausgekommen und haben immer noch Kontakt. Sie war sehr strukturiert und enorm fleißig, sie hat für den Job alles gegeben – aber nur hinter den Kulissen. Bei allen öffentlichen Auftritten hat sie sich am liebsten hinter ihrem Vorgesetzten versteckt. Das passt nicht zu einer Chefin, finde ich. Diana dagegen spricht zum Beispiel mühelos vor großen Gruppen, damit hat sie überhaupt kein Problem. Das bewundere ich. Was ich auch mag an ihr: Sie hat kein Konkurrenzdenken. Sie ist immer freundlich und offen. Man kann sie auch kritisieren, Dinge ansprechen. die einen stören: Sie versteht es, denkt darüber nach und reagiert dann auch gut.

Im Arbeitsalltag verstrickt sie sich leider oft in Details, hält sich an unwichtigen Kleinigkeiten fest und verliert dabei das eigentlich Wichtige völlig aus den Augen. Persönlichkeit und Ausstrahlung sind ihre größten Stärken. Beim Fachwissen aber … Man kann sich vieles aneignen, ohne das entsprechende Fach studiert zu haben. Doch so ganz ohne fundiertes Wissen geht es eben auch nicht. Ich glaube, dass sie das nicht so sieht. Sie nimmt sich selbst ganz anders wahr, als ihre Umwelt das tut.

Ich weiß nicht, ob ich selbst irgendwann gern eine Führungsposition übernehmen würde. Ich glaube, ich wäre keine besonders gute Chefin. Man muss sich in einer Führungsposition unmissverständlich Respekt verschaffen können. Ich weiß nicht, ob ich das hinkriegen würde – diese gute Mischung aus Distanz und Nähe. Wahrscheinlich wäre mir zu wichtig, gemocht zu werden und dass immer gute Stimmung herrscht. Ich denke, ich wäre »zu nett« – und dass meine freundliche Art dann fehlgedeutet wird als: »Die kann man eh nicht ernst nehmen!« Ich finde, das ist eine riesige Herausforderung für Frauen im Beruf: sich Respekt zu verschaffen, ohne streng und zickig zu sein.

Die Unternehmen in Deutschland sollten unbedingt mehr Frauen in Führungspositionen bringen. Ich denke, dass eine weibliche Seite vor allem der Industrie und Wirtschaft guttäte. Frauen können starre Konventionen gut aufbrechen. Wir benutzen eben nicht immer nur unseren Verstand, sondern auch unsere Intuition. Viele Frauen, die ich in den letzten Jahren in Führungspositionen erlebt habe, waren allerdings auch oft richtige »Mannweiber«. Ich hatte den Eindruck, dass sie dachten, um ernst genommen zu werden, müssten sie selbst zum Mann mutieren. Muss man so sein, um als Frau Erfolg zu haben und in den Vorstandsetagen ernst genommen zu werden? Kompetenz und Attraktivität müssen sich bei Männern ja auch nicht ausschließen. Und zum Glück kenne ich einige Frauen in Führungspositionen, die »trotz« individuellem Stil und gutem Aussehen genug Fachkenntnisse sowie einen herzlichen und dennoch kompetenten Führungsstil haben. Eine gute Chefin kann gleichzeitig persönlich und professionell sein.

*

Als ich nach diesem Gespräch aufbreche, denke ich viel darüber nach, was man in einer Führungsposition alles leisten, welche Rollen man ausfüllen muss. Eine Menge. Natürlich ist das das Konzept: Die Besten und Stärksten führen die Herde an. Chefs und Chefinnen müssen ihrem Team überlegen sein. Sabines Chefin ist das offenbar, was Charisma und Persönlichkeit angeht. Aber sie pickt sich die Rosinen raus: Sie will am liebsten nur die Aufgaben erledigen, die ihr gut liegen. Sie zeigt nicht das Engagement, das in ihrer Position nötig wäre, und nicht das Engagement, das ihre Mitarbeiter zeigen – und ihretwegen auch zeigen müssen. Damit ist sie keine gute Chefin, mit dieser Einstellung wäre sie aber auch keine gute Mitarbeiterin. Man sagt, dass Frauen einen Job nicht annehmen, wenn sie glauben, dass sie ihn nicht gut machen können. Vielleicht hat Sabines Chefin sich übernommen – eigentlich eine Eigenschaft, die sonst eher Männern zugeschrieben wird. Vielleicht dachte sie, dass sie sich schon irgendwie in die ungeliebten Aufgaben einarbeiten würde, und ist daran gescheitert. Scheitern ist eigentlich erlaubt. Aber ist es auch Führungskräften erlaubt – egal ob Männern oder Frauen? Und wie unterschiedlich gehen sie damit um? Ich finde keine richtige Antwort auf diese Frage. Vielleicht verschwimmen hier die Grenzen zwischen den Geschlechtern völlig – was ja auch nicht schlecht wäre. Wie ich es bereits im Vorwort gesagt habe: Frauen dürfen genauso gute oder schlechte Führungskräfte sein wie Männer.

»Als Frau komme ich sehr viel weiter«

Die charismatische Macherin

PATRICIA THIELEMANN (44), Inhaberin der
»Spirit Yoga Studios«, Berlin

Wenn ich es endlich mal wieder zum Yoga schaffe, dann gehe ich am liebsten in Patricias Stunden. Sie ist eine tolle Lehrerin: Wenn man gerade anfängt, den Moment zu hassen, in dem man seine Gliedmaßen in eine völlig absurde Position verbogen hat und nun dort tapfer ausharren soll, dann spricht sie genau dieses Gefühl an und erklärt, warum gerade dieser Kampf mit sich selbst Yoga ist – und wie er den Geist für die vielen herausfordernden Situationen im Leben stählen soll. Sie macht diese Philosophie greifbar und für jeden praktisch umsetzbar, ohne dabei abgehoben-esoterisch zu sein. Mich interessiert, wie sie als Unternehmerin ist, wie sie arbeitet und was ihr wichtig ist.

Ich könnte gar nicht anders, ich bin zur Chefin geboren. Das ist einfach so. »Spirit Yoga« gehört heute zu den größten Studios in Europa. Wir haben – inklusive der freien Mitarbeiter – siebzig Leute im Team. Das fühlt sich an guten Tagen super an, an eher schlechten Tagen wie eine Riesenverantwortung. Aber ich könnte nicht anders leben und ich könnte nicht anders arbeiten. Ich stelle es deshalb auch nie infrage. Meine Mutter hat mir vorgelebt, wie eine Frau sich im Beruf beweist, sie ist eine sehr erfolgreiche Immobilienmaklerin. Und es gab viele Momente in meinem Leben, in denen ich mich beweisen musste. Ich habe gelernt, wie man einsteckt und wie man austeilt. Das hat mich stark gemacht.

Im Jahr 2007 haben mein Mann und ich das erste Studio eröffnet, in den Rosenhöfen am Hackeschen Markt in Berlin. Ich war überzeugt, dass es gelingen würde. Ich wusste, dass ich inhaltlich etwas zu bieten habe und dass es funktioniert. Es ist wie mit einem guten Restaurant oder Friseur: Die Kunden spüren, wenn Qualität und Herzblut drinstecken. Wie groß es aber werden würde – das konnten wir damals nicht ahnen. Ich habe mir kein Ziel gesetzt. Ich habe einfach das gemacht, was ich kann. Und natürlich hatte ich Glück, zur richtigen Zeit am richtigen Ort zu sein. Außerdem hätte ich nicht gedacht, dass ich so viel Hilfe von anderen bekommen würde. Ich hatte eine Vision meiner Firma, habe gesehen, wie es werden wird. Aber ich habe es mich immer allein machen sehen. Mit der intensiven Unterstützung, die ich von vielen Seiten bekommen habe, hätte ich nie gerechnet.

Dass ich ein eigenes Studio eröffnen würde – dieser Plan ist über lange Zeit gewachsen. Ich war viele Jahre als Schauspielerin in Los Angeles und habe dort schon Yogastunden gegeben, in verschiedenen Studios. Man hat weniger Verantwortung, aber auf Dauer ist es anstrengend, dass man für alle kompatibel sein muss, dass man immer der Spielball ist. Und die amerikanische Szene sucht auch noch heute sehr stark das Klischee, das Exotische im Yoga. Ich bevorzuge eine klarere, direktere, ehrlichere Richtung.

Über die Jahre habe ich meinen eigenen Stil entwickelt: Spirit Yoga. Er ist immer mehr gereift und irgendwann war klar, dass ich einen Ort brauche, an dem ich ihn in meinem Sinne umsetzen kann. Mein Mann und ich haben dann beschlossen, Amerika zu verlassen und nach Deutschland zurückzugehen. Ich stamme aus Hamburg, aber wir haben uns bewusst für Berlin entschieden, weil wir überzeugt davon waren, dass Spirit Yoga hier seinen Platz findet, dass die Berliner einen sehr geradlinigen Yogastil mögen, dass sie offen sind und gern Neues ausprobieren.

Fast gleichzeitig mit der Gründung des ersten Studios kam für mich persönlich noch ein ganz anderes Thema auf: Ich wollte ein Kind bekommen. Das war gar nicht so romantisch motiviert wie bei den meisten Frauen – ich hatte eine Heidenangst davor. Aber ich wusste, wenn ich eine Familie wollte, dann musste es zu diesem Zeitpunkt sein. Ich war Ende dreißig und habe gesagt: Ich stelle mich diesem Thema jetzt und wenn es so sein soll, dann schaffe ich es auch. Das war ganz yogisch – ich muss mich dem Leben stellen und darf mich diesem Teil davon nicht verwehren, dann wird schon alles gut werden. Das ist mein Weg.

Ich wurde sofort schwanger, gerade mal ein halbes Jahr nach dem Start des Studios. Und das, wovor ich am meisten Angst hatte, hat sich als großer Glücksfall herausgestellt. Es hat mir neue Türen geöffnet, auch finanziell. Ich habe vorher schon Schwangerschaftsyoga unterrichtet, während meiner eigenen Schwangerschaft habe ich das aber intensiviert und »Prenatal« und »Postnatal« entwickelt. Dieses Konzept von Yoga vor und nach der Geburt ist ein großer Erfolg geworden. Wir haben wöchentlich jeweils vier Klassen im Stundenplan. In den Prenatal-Stunden bereiten sich die werdenden Mütter mit dickem Bauch auf die Geburt vor, in den Postnatal-Stunden erobern sie ihre Mitte zurück – ihre Babys können sie mitbringen, die spielen dann neben der Matte auf einer Decke und werden ab und zu in die Übungen mit einbezogen oder mit Liedern unterhalten.

Ich habe damals in Mitte gearbeitet und in Charlottenburg gewohnt. Dort wollten wir ein zweites Studio aufmachen. Bei meinen Spaziergängen mit dem Kinderwagen habe ich immer geschaut, wo geeignete Räume sein könnten. Es passte aber nichts richtig. Ich habe immer gedacht: Wenn, dann müssten wir in dieses alte Postgebäude am Steinplatz ziehen. Und eines Tages hing dort tatsächlich ein Schild, dass es zu vermieten sei.

Ich habe sofort angerufen und bekam den Zuschlag. Das war keine Entscheidung mit Kalkül, ich habe einfach an den Westteil der Stadt geglaubt. Und ich habe gedacht, dass es ja einmal schon gut funktioniert hat mit der ersten Niederlassung, warum also nicht wieder? Später habe ich mich irgendwann durch Zufall mit einem Unternehmensberater darüber unterhalten. Der fragte mich, ob wir eine Standortanalyse gemacht hätten. Natürlich habe ich einen Businessplan geschrieben für die Banken und so weiter. Aber eine Standortanalyse? Ich habe ihm geantwortet, dass ich das einfach nach Gefühl entschieden hatte – dass man so etwas doch spüren würde. Wahrscheinlich hielt er mich für völlig verrückt.

Im Moment planen wir ein drittes Studio. Und ich träume von einem »Spirit Yoga Retreat Centre« in Thailand. Ich war im Urlaub mit der Familie da. Was solche Projekte angeht: Ich habe aufgehört zu streuen und dann zu sehen, was von den vielen Ideen und Impulsen, denen ich früher nachgegangen bin, fruchtet. Stattdessen suche ich mir jetzt immer eine Perle raus – ein Projekt im Jahr.

Die vielleicht größte Herausforderung für mich persönlich ist der hohe Anspruch an mich selbst. Es geht ja nicht nur darum, dass ich meinen Job gut mache, heute zwei Stunden mit den Kindern gespielt habe und nicht immer nur Pizza auf den Tisch kommt. Es geht viel weiter. Es ist mir wichtig, dass ich die Firma voranbringe und am Puls der Zeit bleibe, dass ich Wachstumschancen erkenne. Das bin ich auch meinen Mitarbeitern schuldig. Ich will mit allen Bällen gleichzeitig jonglieren, ohne aus der Puste zu geraten.

Wir haben einen großen Kundenstamm, mehrere Tausend Leute kommen in unsere Klassen. Wir bekommen jede Woche unzählige E-Mails und Anfragen. Es ist toll, welche Möglichkeiten sich dadurch ergeben. Gleichzeitig ist es schwierig, alldem gerecht zu werden.

Ich denke immer daran, dass ich für die Existenz so vieler Menschen und ihrer Familien mitverantwortlich bin. Und wenn ich einen Azubi einstelle, dann grübele ich schon, ob ich ihm nach der Ausbildung einen Job anbieten können werde. Man verwaltet seine Mitarbeiter ja auch nicht nur. Damit sie alle gut sind, brauchen sie immer wieder Input. Man muss alles pflegen und wachsen lassen. Dazu muss ich präsent und möglichst immer zeitnah ansprechbar sein. Ich löse das, indem ich zu den Klassen, die ich unterrichte, jeweils früher ins Studio komme und danach noch bleibe.

Gleichzeitig sind es anscheinend so banale Dinge wie, dass die Kinder gut angezogen sein sollen und ich selbst auch attraktiv sein möchte. Als Chefin musst du diese Ansprüche an dich immer möglichst alle gleichzeitig erfüllen. Wenn mal beide Kinder mit vierzig Fieber zu Hause liegen und nicht in die Kita können, dann denke ich: Wenn ich jetzt zehn Tage in der Firma fehle, dann läuft doch da alles schief. Die große Verantwortung, die ich habe, bietet aber auch eine gewaltige Freiheit. Ich bin am Ende nur mir selbst Rechenschaft schuldig und wenn beispielsweise die Kinder krank werden, dann ist es für viele andere Leute doch weitaus schwieriger, das zu organisieren.

Ich unterrichte etwa zehn bis zwölf Klassen pro Woche selbst. Außerdem habe ich neben dem Unterricht noch viele andere Aufgaben: Die Ausbildung und Weiterbildung von Yogalehrern ist ein wichtiges Standbein geworden und sehr aufwendig. Ich schreibe Artikel für Zeitschriften und Bücher, mache DVDs und gebe Privatstunden und Workshops. Gleichzeitig pflege ich noch meine tägliche Yoga-Praxis – das hält meine Hitzigkeit im Zaum und es ist auch einfach wichtig, nicht zuletzt, um glaubwürdig zu bleiben vor meinen Schülern.

Mein Mann ist bei alldem eine große Unterstützung. Er ist hauptsächlich für das Organisatorische im Unternehmen zuständig und hat das Team fest im Griff. Er teilt es alles und ist mitverantwortlich. Und er ist auch selbstbewusst genug, das zu wissen. Wir sind ein sehr gutes Team. Dass wir beide gemeinsam eine Firma führen, hat aber zur Folge, dass man sie quasi mit ins Bett nimmt. Spätabends, wenn wir beide endlich zu Hause sind, besprechen wir noch alles, was anliegt. Das ist nicht immer schön.

Es ist mir wichtig, dass meine Mitarbeiter untereinander loyal sind. Und sie sollen sich entwickeln können. Ich lasse sie wissen, wenn sie etwas gut machen. Vielleicht ist das »typisch weiblich« – diese nährende, weibliche Kraft findet sich auch immer wieder im Yoga. Ich habe ein großes Bedürfnis nach Harmonie. Was mir auffällt: Mit dem Erfolg – und vor allem seit ich Mitarbeiter führe – ist das zwischenmenschliche Gefälle sehr groß geworden. Man weiß immer weniger, ob der andere noch authentisch ist. Da ist ein enormer Respekt und das ist okay, aber es darf auch nicht falsch verstanden werden. Man schmeichelt mir und umgarnt mich. Aber wer sagt noch wirklich seine Meinung? Dabei ist das wichtig für mich, gerade bei meinem eigenen Team.

Durch die ganzen Aufgaben und Herausforderungen im Unternehmen bin ich sehr klar und direkt geworden. Das ist gut so. Ich kann über Entscheidungen – wenn sie nicht besonders schwerwiegend sind – nicht drei Tage lang nachdenken, sondern beschließe gleich ein klares Ja oder Nein. Jeder Moment ist kostbar für mich und jeder Moment, den ich nur damit verbringe, in die Luft zu gucken, scheint verschwendet. Aber ich genieße ihn. Früher, als Zeit kein Thema war, war ich viel nachlässiger. Ich habe Dinge angefangen und nicht zu Ende gemacht, es war ja nicht so wichtig. Jetzt könnte ich immer dreißig Sachen gleichzeitig machen, schaffe aber nur eine – ich muss auswählen und diese Sache wird dann perfekt.

Ich frage mich nicht, wie viel ich aus der Firma rausholen kann, sondern ich will, dass es sich langfristig gut entwickelt. Ich habe vor Kurzem für eine Menge Geld einen Kursraum umgestalten lassen. Ich hätte das Geld auch in ein Firmenauto investieren können, das hätten andere vielleicht getan. Aber die Substanz muss zusammengehalten werden, das Produkt, das ich verkaufe, soll eine gleichbleibend hohe Qualität haben, da denke ich sehr bodenständig.

Manchmal erschrecke ich über mich selbst: wie ich mich trotz allen Erfolgs in manchen Momenten ganz klein fühle. Mein Sohn geht in die Vorschule und wenn ich sehe, wie die anderen Mütter mit selbstgebackenen pinkfarbenen Cupcakes ankommen, während ich mit Ach und Krach einen Kuchen zusammengerührt habe, habe ich tatsächlich das Gefühl zu versagen. Das ist eigentlich unglaublich: Diese Frauen arbeiten im Gegensatz zu mir überhaupt nicht, aber ich lasse mich trotzdem davon einschüchtern. Diese Unsicherheit erschreckt mich. Ich habe ein erfolgreiches mittelständisches Unternehmen aufgebaut, aber da gibt es diese Momente, in denen ich ausflippe: zum Beispiel, wenn ich bemerke, dass die Kinder noch keine Laterne für den Laternenumzug am nächsten Tag haben – und alle Geschäfte haben schon zu …

Genauso werde ich wehmütig, wenn ich auf der Straße eine Frau sehe, die im Blümchenkleid und mit wehenden Locken dahinschreitet, vielleicht noch mit einem starken älteren Mann am Arm, Typ »Versorger«. Da geht dann die Elfe, für die alles getan wird, sie muss selbst nicht mit anpacken – während ich gerade in der Gründungsphase meines Unternehmens manchmal rackern musste wie ein schwer arbeitendes Brauereipferd. Jetzt ist es geschafft, jetzt kann ich Visionär sein und souverän die Fäden ziehen. Aber diese erste Phase war nötig. Ich bin fest davon überzeugt, dass man da durch muss.

Ich habe noch nie ein Elfenleben geführt, ich musste mir immer alles erkämpfen. Das bin ich auch nicht und so will ich nicht sein, aber nach dieser kompromisslos weiblichen Seite in mir sehne ich mich manchmal. Dabei setze ich sie im Beruf inzwischen ganz bewusst ein: Als Führungskraft musst du Stärke ausstrahlen, du bist eher kühl und distanziert – das Klischee gibt männliche Ideale vor. Ich habe deshalb eine Zeit lang sehr männlich geführt. Dass ich mir jetzt erlaube, Frau zu sein, bringt mich sehr viel weiter.

*

Unglaublich, dass pinkfarbene Cupcakes so eine erfolgreiche Frau erschüttern können – wenn auch nur für einen Moment. Ich denke, Männer haben solche Unsicherheiten auch, sie geben sie nur nicht so schnell zu, oftmals wahrscheinlich nicht einmal vor sich selbst. Dass Frauen sich diese kleinen Schwächen eingestehen, ist mir sympathisch und es kann auch sehr produktiv sein, glaube ich. Wer Erfolg im Job haben will, sollte sich selbst kennen. Nur dann kann er an sich arbeiten. Mir gefällt deshalb auch der Gedanke, den Patricia Thielemann ganz am Schluss hatte: Wenn wir zu uns selbst stehen, dann erleben wir echte innere Freiheit. Und die macht selbstsicher und erfolgreich. Ebenfalls wichtig sind starke Vorbilder, wie hier die erfolgreiche Mutter. Wenn Töchter damit aufwachsen, dass ihre Mütter berufstätig sind, dann ist das für sie eine Selbstverständlichkeit. Genauso wie für die Söhne, die dann ihre Kolleginnen und Chefinnen weniger infrage stellen und ihren Freundinnen und Ehefrauen gegenüber toleranter sind, wenn die Karriere machen wollen.

»Sie hat einfach keinen Stil«

Der herrische Kontrollfreak

ROBERT PRATENS (32),* Angestellter in einer
Event-Agentur, München, über seine Chefin

Wer mag schon seinen Chef! So lautet das Klischee.
Auf der Suche nach Mitarbeitern, die mir von ihrer Chefin
erzählen wollen, habe ich vor allem Menschen getroffen,
die zufrieden sind mit ihren Vorgesetzten. Immer gab es
irgendetwas auszusetzen, aber die meisten äußerten sich
im Großen und Ganzen eher positiv. Ein negatives Beispiel
habe ich mit dem Kapitel über Sarah und ihre Chefin
schon angeführt. Hier folgt ein weiteres. Diesmal ist
aber nicht mangelnde Kompetenz das Problem, sondern:
»ein schwieriger Charakter«. So beschreibt es Robert
zumindest.

*   Name geändert

Ich bin eher nicht so gut auf meine Chefin zu sprechen, ich bin wirklich kein Fan von ihr. Dieser Frau mangelt es an Persönlichkeit, an Kompetenz – an allem eigentlich, was eine Führungskraft für mich ausmacht. Was ich persönlich am schlimmsten finde: Sie hat keinen Stil. Sie gibt sich nicht wie eine Chefin und sie sieht auch nicht so aus. Daher kann man sie kaum ernst nehmen. Sie ist eigentlich nicht meine direkte Chefin, sie ist die Geschäftsführerin. Unsere Abteilung gehört nicht direkt zu ihrem Kompetenzbereich. Sie hält es trotzdem für nötig, sich sehr intensiv bei uns im Alltagsgeschäft einzubringen – um nicht zu sagen: einzumischen. Sie sorgt sich wirklich um zu viele Dinge, um die sie sich eigentlich nicht kümmern müsste. Man kann es ihr nicht verbieten, aber es nervt.

Ich glaube, sie ist ein Kontrollfreak und kann deshalb bestimmte Sachen nicht loslassen. Sie will immer und zu allem ein Feedback, bis ins kleinste Detail. Dieses Kontrolletti-Gehabe ist für mich total demotivierend – und sicher auch für viele Kollegen. Sie hält mich immer mit sinnlosen Fragen auf: Wie weit bist du? Was müssen wir noch erledigen? Schaffen wir alles pünktlich?

Sie hat erkannt, dass ich nicht der Typ bin, der alles genau nach Vorschrift macht. Das dürfte sie eigentlich nicht tolerieren, aber sie hat mich noch nie offen dafür kritisiert. Ich habe ein Problem mit den Regeln und Anforderungen in unserer Firma, weil ich nicht übermäßig fleißig bin. Dann ist es in diesem Job aber auch so angelegt, dass man eigentlich niemals 100 Prozent erreichen kann. Die Anforderungen sind schlicht zu hoch. Uns werden viel zu viele Veranstaltungen gleichzeitig aufgeladen, die Budgets sind zu klein und wir sind zu wenige Mitarbeiter. In einer perfekten Welt könnte man vielleicht alles erfüllen, was unsere Unternehmensleitung fordert. Aber wir leben nun mal nicht in einer perfekten Welt, oder?

Weil so viel zu tun ist, sind wir immer zu spät dran. Da will ich mich auch nicht rechtfertigen, es ist schließlich nicht mein Fehler als Mitarbeiter. Aber meine Chefin hält uns auch noch immer damit auf, dass sie ständig abcheckt, wie weit man mit einer bestimmten Sache gekommen ist, was aus diesem und jenem geworden ist, und wann denn nun endlich … Wie in der Schule wird man ständig abgefragt. Das ist völlig albern. Wahrscheinlich macht sie auch einige Dinge richtig, von denen habe ich nur leider nichts. Denn meistens betrifft das ihre Vorgesetzten. Sie engagiert sich, um ihre Chefs zufriedenzustellen. Und sie tut das, was in der Branche angesagt ist. Den Mitarbeitern gegenüber verhält sie sich letztlich auch oft so, dass sie noch einigermaßen gut wegkommt.

Ihre Inkompetenz wird nicht nur von uns wahrgenommen. Es wird auch in der Geschäftsführung gesehen, dass sie nicht gerade mit Können glänzt. Wir haben seit einiger Zeit einen neuen Abteilungsleiter, der sitzt mit in unserem Büro. Und auch er weiß Bescheid. Er hat erkannt, dass sie nicht besonders viel draufhat. Im letzten Jahr war mein direkter Chef mal für längere Zeit nicht da. Miss Ich-mische-mich-überall-ein hat dann ganz offiziell seine Aufgaben mit übernommen. Das nebenbei zu machen war vielleicht nicht einfach. Es wäre aber zu schaffen gewesen. Meiner Meinung nach war es vor allem ein Kommunikationsproblem. Uns Mitarbeitern hätte vielleicht schon genügt, wenn sie mal gesagt hätte, dass durch die neue Situation auch auf uns Veränderungen und mehr Arbeit zukommen. Die Prozesse haben sich ja einfach grundlegend geändert in der Zeit. Wir konnten uns das sicher alle denken und haben es dann ja auch am eigenen Leib zu spüren bekommen, aber es wurde nie ausgesprochen. Es wäre einfach schön gewesen, wenn sie mal zu uns gekommen wäre und gesagt hätte: »Mir ist klar, dass es für uns alle eine unangenehme Situation ist, und es ist toll, dass ihr da so gut mitarbeitet.«

Dass sie überhaupt mal was in diese Richtung sagt und uns mal Feedback gibt, das habe ich noch nie erlebt. Ich glaube, sie trifft einfach nicht den richtigen Ton. Sie hat grundsätzlich kein Gespür dafür, welche Art der Ansprache andere motiviert und wodurch sie das Gegenteil erreicht. Sie behandelt manche Mitarbeiter wie Hofdiener. Sie legt oft so eine Pampigkeit und Wurstigkeit an den

Tag und kommt einigen Leuten ständig persönlich – das ist wirklich peinlich. Und mit dieser Art erreicht sie natürlich auch nicht, was sie beabsichtigt. Auch wenn ich nicht groß unter ihr zu leiden habe: Ich habe mich schon oft über sie geärgert.

Wir ärgern uns alle über sie. Weil der Umgang miteinander in der Firma insgesamt relativ locker ist, trauen sich viele, sich über sie lustig zu machen. Hinter ihrem Rücken natürlich, beim Mittagessen mit den Kollegen. Das ist dann das Ventil, damit man mit dem Frust fertig wird. Ich mache auch Witze über sie. Sogar ihr selbst gegenüber lasse ich schon mal ironische Bemerkungen fallen. Das mache ich aber genauso gegenüber dem Management, da habe ich keine Angst.

Wenn ich mit einem Geschäftspartner spreche, würde ich sie nie dazuholen. Ich würde sie niemals um Hilfe bitten, wenn ich ein Problem lösen muss. Es wäre mir sogar peinlich, wenn sie dazwischenfunkt. Denn ihre Art, wie sie mit Leuten umgeht, ist einfach meist sehr daneben. Das klingt vielleicht arrogant, nach dem Motto »Ich brauche sie nicht, ich kann das alles allein«. Aber ich traue mir einfach mehr zu als sie mir. Sie ist keine Respektsperson für mich.

Wenn sie etwas von uns will, schreibt sie meistens E-Mails. Und die sind auch eine Zumutung. Denn eigentlich schreibt sie nur Betreffzeilen und da hinein packt sie ihre herrisch formulierten Kontrollfragen. Sie rotzt die anscheinend so gedankenlos hin, dass meist zig Fehler drinstecken: »robert wp bleibt das protkoll zu dem tema v. gestern«, »hast du den muller ereicht«, »kannst dumir fedback gebn«. Oft weiß ich nicht mal, wovon sie genau spricht, um welches Projekt es geht und so weiter.

Ich denke, sie ist ziemlich faul. Sie weiß, woran ihre Arbeit gemessen wird, was alles von ihr gefordert wird, vom Management aus, und das erledigt sie dann auch. Alles andere ist leider schwierig: Sie vergisst viele Sachen, vor allem wenn neue Prozesse eingeführt werden. Sie gibt uns auch so gut wie nie Feedback. Und Dinge, die sie nicht so interessieren, lässt sie ewig liegen –

zum Beispiel unsere Urlaubsanfragen. Ich weiß nicht, ob es daran liegt, dass ich ein Mann bin, dass ich noch einigermaßen gut mit ihr klarkomme: Zwischen ihr und den Frauen gibt es jedenfalls eindeutig die größeren Konflikte. In meiner Abteilung herrscht ein Frauenüberschuss: Ich bin der einzige Mann neben sieben Frauen. Und ich kann absolut verstehen, warum die Kolleginnen so schlecht auf sie zu sprechen sind. Ich sehe, dass sie Frauen gegenüber häufiger unangenehm wird. Sie ist jemand, der persönliche Sympathie und Abneigung ganz deutlich zeigt. Wen sie mag, dem lässt sie Dinge durchgehen. Das ist natürlich sehr unprofessionell. Aber ich profitiere davon. Sie ist nicht immer superfreundlich zu mir, aber sie ist fair. Andere mag sie nicht, bei denen legt sie andere Maßstäbe an und ist ihnen gegenüber ungerecht. Auf bestimmte Leute in der Firma hat sie es richtiggehend abgesehen. Die hat sie auf dem Kieker und die haben dann ganz schön zu leiden.

Sie neigt auch dazu, in Meetings sehr unverschämt zu werden. Wenn es zum Beispiel um eine Aufgabe geht, die irgendwer nicht zu ihrer Zufriedenheit gelöst hat, kann es sein, dass sie plötzlich lospoltert: »Das ist doch Mist! Muss ich da erst ausrasten!« So motzt sie tatsächlich vor uns allen rum. Sie brüllt nicht, aber sie regt sich heftig auf und wird ausfallend. Dabei hat sie dann oft so eine ganz herablassende Art, das ist wirklich mies. Es setzt ihr in so einem Moment auch niemand etwas entgegen. Die Leute schlucken es eher, als zu widersprechen. Und sie wird trotzdem ernst genommen: einfach, weil sie alles ganz ernst sagt.

Sie ist keine besonders attraktive und einnehmende Persönlichkeit. Gut, das muss man als Chefin ja auch nicht unbedingt sein, genauso wenig wie als Mensch. Es muss ja auch nicht jeder seinen Chef mögen. Man sollte nur Respekt empfinden können. Und immer, wenn er oder sie offensichtlich zu Unrecht in seiner Position ist, wird es schwierig. Ich glaube, jeder will jemanden als Chef, der sachlich ist und bei Problemen konstruktiv mitwirkt, der einen unterstützt und versteht, worum es geht, und der zuverlässig ist. Und das alles ist meine Chefin häufig nicht. Sie hat vielleicht formal die nötige Kompetenz für den Job vorzuweisen, aber ihr fehlt die Persönlichkeit dafür und die ist doch mindestens genauso entscheidend.

Ich bin absolut nicht neidisch auf ihren Erfolg. Ich will keine Personalverantwortung und deshalb will ich auch nicht aufsteigen. In dieser Firma arbeite ich jetzt schon seit einiger Zeit. Es gab Schritte, die mich Richtung Chefetage geführt hätten, die ich bewusst vermieden habe. Es werden auch öfter Stellen frei, weil häufiger Leute gehen. Da eröffnen sich immer mal wieder Chancen. Aber ich weiß, dass ich in einer gehobenen Position nicht lange bestehen würde. Denn bestimmte Dinge, die gefordert werden, mache ich nicht. Und ich will Leute, die erwachsen sind, nicht wie Kinder behandeln müssen. Als Chef müsste ich das aber. Was ich auch schwierig finde: Leute, die im Management arbeiten, verlieren irgendwann den Blick für die Realität. Die vergessen irgendwann die normale Welt da draußen und halten nur das für richtig, was sich zwischen den grauen Bürowänden abspielt. So will ich nicht sein.

Manchmal verhält sich meine Chefin so, wie es einem in Management-Ratgebern nahegelegt wird, als hätte sie sich Sätze oder Gesten irgendwo abgeschaut oder angelesen. Sie macht nicht den Eindruck, dass sie wirklich interessiert ist an ihrem Job. Und es scheint auch nicht so zu sein, dass sie weiter aufsteigen will. Sie hat keine Ambitionen. Ich denke, dass sie in gewissem Rahmen strategisch vorgeht: Das, was sie machen muss, das erfüllt sie. Mit bestimmten Leuten, die wichtig für sie sind, versteht sie sich gut. Andere vernachlässigt sie. Es wäre gut, wenn mal jemand aufräumt bei uns. Ich bin mir sicher, dass in anderen Unternehmen viele Dinge anders laufen. Und meine Chefin ist schuld daran, dass wir da hintenanstehen.

*

Ich wollte es Robert erst nicht abnehmen, dass es ihm wirklich egal ist, ob er einen Mann oder eine Frau als Chef hat, und habe mehrmals nachgehakt. Aber es ist ihm ernst. Zum Ende des Interviews habe ich ihm geglaubt, dass er bei Susanne nicht denkt »Die nervt – typisch Frau!«, sondern einfach »Die nervt – typisch Chef!« Das ist für mich ein Aha-Moment, weil ich auch der Frage nachgehen will, ob Mitarbeiter ihre Chefinnen eigentlich als Frauen wahrnehmen und was das für sie bedeutet. Für Robert spielt es keine Rolle, dass sein Chef eine Frau ist, und das gefällt mir. Man könnte ihn natürlich auch gleichgültig nennen – genau wie die Tatsache, dass er selbst keine Führungsposition anstrebt. Aber wäre das nicht ein Vorurteil? Von einem Mann erwarte ich, dass er so ehrgeizig ist, unbedingt Chef werden zu wollen, und ich unterstelle ihm, dass er seine Chefin nicht mag, weil sie eine Frau ist. Wenn man dieses reflexartig erscheinende Klischee im Kopf irgendwo abschalten könnte, würde ich es sofort tun. Was wäre anders, wenn ich mit ganz klarem Blick auf die Dinge schauen könnte? Mit einem Blick, der nicht getrübt ist von Erfahrungen, subjektiven Eindrücken und theoretischen Annahmen. Ich denke, wir brauchen auf jeden Fall eine Menge neue Erfahrungen, um dorthin zu kommen. Wenn mehr Frauen Chefinnen werden, können wir die alle machen.

»Jeder hat nur ein Leben«

Die verantwortungsbewusste Traditionelle

HEIDI HETZER-MACKAY (74), Inhaberin der
Opel Hetzer GmbH & Co Automobil KG, Berlin

Jedes Mal, wenn ich von Süden aus nach Berlin fahre,
sehe ich Heidi Hetzer – als riesige schwarz-weiß-
Zeichnung an einer Hauswand neben der Stadtautobahn.
Sie leitet ein Opel-Autohaus, fährt Rallyes und gilt als
Berliner Legende. Ich finde sie schon cool, bevor ich sie
überhaupt kenne. Und treffe eine kleine, zarte Person,
die gleich zu Beginn unseres Gesprächs erzählt, sie habe
doch gar nicht viel zu sagen zu dem Thema. Ich kann sie
davon überzeugen, trotzdem zu berichten – und hänge
geradezu an ihren Lippen: Ihre Augen strahlen, während
die Erinnerungen nur so aus ihr heraussprudeln. Sie ist
eine sehr elegante und charmante Persönlichkeit, die mit
Witz und Verstand von ihrem Leben als Unternehmerin
berichtet.

Wie man eine gute Chefin ist, habe ich nirgendwo gelernt. Ich habe nicht studiert, keine Seminare belegt. Natürlich gibt es bei Opel immer mal Fortbildungen, aber sonst habe ich nichts in der Richtung unternommen. Ich habe einfach immer aus dem Bauch heraus gearbeitet und entschieden.

Als mein Vater 1969 starb, habe ich das Unternehmen von ihm übernommen. Ich komme aus dem technischen Bereich, habe Kfz-Handwerker gelernt – das, was heute »Mechatroniker« heißt. Ich war erst hier im Betrieb als Handwerkerin tätig, dann bin ich weggegangen und habe mich mit einer Autovermietung selbstständig gemacht. Da hatte ich schon ein bisschen Selbstsicherheit gewonnen. Aber als ich dann hier als Chefin angefangen habe: Das war eigentlich nur furchtbar. Viele Mitarbeiter haben zwar vom Du zum Sie gewechselt und ich war nicht mehr »die Heidi«, das kleine Kind, sondern wurde als Chefin anerkannt. Aber ich hatte zu viel Vertrauen: Ich habe mir alles erzählen lassen und erst mal auch geglaubt. Zum Glück hatte ich einen guten Buchhalter. Ihm konnte ich vertrauen und er hat sich wenigstens um die Zahlen gekümmert. Ansonsten hatte ich ein kleines Kind, gerade ein Jahr alt, um das ich mich ja auch noch kümmern musste, und war heillos überfordert mit der Aufgabe, plötzlich für so viele Mitarbeiter verantwortlich zu sein. Aber ich dachte: Eigentlich läuft der Laden, das sind ja alles tolle Leute und es geht wie von alleine. Das wird alles gut.

Doch dann kam mein Mann auf die Idee, wir müssten nach Amerika gehen. Er ist Amerikaner und wollte ein Jahr lang dort arbeiten. Also sind wir mit den Kindern nach Washington D.C. gezogen und ich habe den Betrieb alleingelassen. In der Zeit bin ich dreimal nach Hause geflogen. Alles schien immer in Ordnung zu sein. Aber dann bekam ich die Zahlen geschickt und so weit war ich dann doch schon, dass ich gemerkt habe: Da stimmt was nicht. Zurück in der Firma wurde klar: Wir machten Verluste, ein verantwortlicher Mitarbeiter trank und es lief gar nichts von alleine. Wir hatten 300.000 D-Mark minus gemacht – eine stolze

Summe. Ich wusste, ich wurde gebraucht. Das war aber auch ein schönes Gefühl. Und dann habe ich angefangen, Tag und Nacht zu arbeiten. Ich habe gar nichts mehr geglaubt, was mir erzählt wurde. Ich habe die Firma in meinem Sinn aufgebaut, alles nach meinem Willen gestaltet.

Auf diesem Weg bin ich richtig reingewachsen in die Firma. Und ich habe auch viel Glück gehabt. Mit der Wirtschaft ging es eigentlich immer bergauf. Natürlich gab es die Benzinkrise und Sonntagsfahrverbote und natürlich musste man kämpfen, als die Wende kam. Aber es lief gut, ich habe das Unternehmen langsam erweitert, durch die Ausweitung nach Ostberlin zum Beispiel. Es gab nie eine echte Krise. Die kam dann erst im Jahr 2008: die Wirtschaftskrise. Eine so schwierige Phase für die Branche, in dieser Dimension, kannte ich bis dahin überhaupt nicht. Ich musste das Personal reduzieren, von 125 auf neunzig Mitarbeiter. Heute sind wir schon 95, es werden wieder mehr. Aber ich musste Standorte kündigen, an denen die Mieten zu teuer waren. Die besten Mitarbeiter musste ich zuerst gehen lassen und jetzt kann ich sie nicht mehr zurückholen.

Ich glaube, dass Frauen ein ganz starkes Verantwortungsgefühl haben. Deshalb halten sie länger durch. Das sieht man ja auch bei Unternehmerinnen wie Käthe Kruse und Beate Uhse. Ich glaube, es gibt ganz viele Beispiele dafür, dass die Frauen alleine weiterkämpfen und eine Firma der Ehre wegen nicht untergehen lassen wollen – ihren Männern zuliebe, ihren Eltern zuliebe. Sie geben nicht auf und finden immer einen Weg. Natürlich habe ich manchmal auch Angst. Ich glaube, wenn man keine Angst hat, hat man auch keinen Mut. Aber ich überwinde die Angst, indem ich einfach logisch denke. Und wenn ich wirklich Angst habe, wie beim Fallschirmspringen, sage ich:»Okay, schubst mich raus! Gebt mir einfach einen Schubs! Nächstes Mal mache ich es dann von alleine.« Wenn man sich nicht überwinden kann, dann muss einer einen anstoßen.

Frauen haben Visionen. Männer denken eher stur. Das ist so, das macht man so. Das macht »Mann« so. Punkt. Da sind die Frauen kreativer: Ja, warum machen wir es nicht anders? Ich hatte zum Beispiel die Idee zu einer besonderen Verkaufsaktion: Wir verkaufen eine Handtasche – Heidis Flitzertasche – für 17.900 Euro. Und obendrauf gibt es einen Astra. Einfach mal umgedreht! Das ist witzig und die Leute finden es gut.

Ich hasse es, wenn man sagt: »Ich hatte es schwerer, weil ich eine Frau war.« Das merke ich bei meinen Kundinnen im Service. Das ist ganz erstaunlich, da sagen immer wieder welche: »Ach, weil ich eine Frau bin, denken die, die können mich über den Tisch ziehen.« Sie werden dann sogar laut und richtig unfair, weil sie glauben, dass man sie nicht ernst nimmt. Das finde ich schlimm und es stimmt überhaupt nicht. Also, meine Leute sind ja nun mal sowieso auf das Weibliche gepolt: Die würden einer Frau nie irgendetwas vormachen, weil sie das bei mir ja auch nicht können! Abgesehen davon, dass man das sowieso nicht tun sollte. Und ich habe auch daran gearbeitet und meinen Leuten gesagt: »Ihr müsst wirklich darauf eingehen.«

Meine Mitarbeiter wissen: Ihre Chefin ist eine gestandene Frau. Aber manchmal mache ich ihnen da auch ein bisschen was vor. Es gibt Momente, da würde ich vor meinen Leuten niemals zugeben, dass ich unsicher bin. Natürlich bin ich ab und zu unsicher. Aber das zu zeigen, ist als Chef oder Chefin ganz schlecht. Weil die Leute einem vertrauen.

Und das tun sie ja auch zu Recht. Ich war immer vorsichtig. Aber man kann auch nicht immer alles richtig entscheiden: Bei der Frage, ob wir neue Marken dazunehmen, da war ich zum Beispiel mutig, habe mich dafür entschieden und das war richtig. Aber dann habe ich teure Läden gemietet und das war verkehrt. Wäre ich bei Opel geblieben und bei den alten Niederlassungen, dann wäre ich gar nicht in diese Negativspirale reingekommen. Dadurch habe ich noch mehr verloren: Ich musste die Marken wieder abgeben, die Standorte auflösen und habe große Verluste gemacht. Man muss Abfindungen zahlen, all so was. Das sind unnötige Ausgaben.

Was macht eine Frau im Beruf anders als ein Mann? Eine Frau ist nicht so stur, glaube ich. Sie versucht, auf verschiedenen Wegen zu ihrem Ziel zu kommen. Wenn ein Mann rausgeschmissen wurde, ist er oft zu stolz, um durch den Hintereingang wieder reinzugehen. Eine Frau ist sich dafür nicht zu schade. Die ist auch in der Lage, sich zu entschuldigen und zu sagen: »Vielleicht können wir das doch noch mal so und so probieren.« Frauen trumpfen mit Charme und Intelligenz. Und sie können sehr gut logisch denken. Man sagt zwar immer, Frauen seien nicht logisch, aber das stimmt nicht. Also ich bilde mir ein, dass ich extrem logisch denken kann.

Frauen sind auch technisch sehr begabt. Ich bedaure, dass sich gerade mal wieder kein Mädchen für die Werkstatt bei uns beworben hat. Ich würde gerne eins einstellen. Wir hatten schon mehrere tolle weibliche Azubis, aber leider sind sie nicht geblieben – haben noch studiert oder sind bei ihren Vätern oder bei ihren Männern ins Unternehmen eingestiegen. Wenn ich zwei Lehrlinge habe, die gleich gut sind, dann würde ich mich aus dem Bauch heraus wahrscheinlich für die Frau entscheiden, weil ich Frauen immer besonders unterstützen will. Neulich kam zum »Girls' Day« ein tolles Mädchen bei uns vorbei. Die will das unbedingt machen, aber sie ist erst 14, da muss ich noch vier Jahre warten.

Einmal hat sich eine Verkäuferin bei uns beworben. Ein anderes Unternehmen hatte sie nicht genommen, die haben gesagt, sie sei zu frech. Ich hab sie genommen. Sie ist frech. Stimmt. Aber sie ist eine unheimlich tüchtige Verkäuferin. Und manchmal muss eine Frau auch ein bisschen frech sein, wenn sie sich durchsetzen will. Im Verkauf habe ich nun zwei Mitarbeiterinnen und die sind die erfolgreichsten. Ich suche noch eine; wenn Sie eine kennen, sagen Sie mir Bescheid! Es kann natürlich Zufall sein, dass Frauen bei mir besser Autos verkaufen. Aber ich denke schon, dass sie ein paar Dinge besonders gut machen: Sie sind einfühlsamer, sie fragen die Bedürfnisse der Kunden gründlich ab und erkennen dadurch, was der einzelne für ein Auto braucht. So können sie ihn oder sie richtig beraten. Gleichzeitig geben sie im Verkaufsgespräch auch nicht so schnell auf. Sie sind hartnäckig, bleiben dran. Sie sagen: »Wir haben alles besprochen, was hält Sie denn jetzt eigentlich noch vom Kauf ab? Jetzt müssen Sie aber auch den Mut beweisen und hier unterschreiben! Morgen kostet es auch nicht mehr, aber wenn sie jetzt, hier, sofort unterschreiben, dann bekommen Sie noch mal für 50 Euro Fußmatten dazu!« Und das machen sie charmant, ohne die Kunden unter Druck zu setzen. Es ist ja oft so, dass jemand alles weiß und sich nur nicht endgültig entscheiden kann. Das ist ja immer eine große Sache, so eine Unterschrift unter einen Vertrag zu setzen. Da hat jeder Respekt und das zu Recht. Dann braucht der Mensch manchmal einen kleinen Impuls. Und genau den können Frauen gut geben, ohne übers Ziel hinauszuschießen.

Eine Frau kann mit Freundlichkeit unheimlich viel machen. Männer müssen nicht besonders freundlich sein, die kommen auch so durchs Leben. Aber sie könnten da von den Frauen noch was lernen. Ich kenne einen Hoteldirektor, der ist wahnsinnig freundlich. Und der hat solche Erfolge – ich habe schon häufig gedacht: Vielleicht sollten Männer einfach öfter freundlicher sein.

Frauen vertrauen auch mehr ihrem Bauchgefühl und haben damit meistens Erfolg. Ich wollte zum Beispiel das Haus hier nach meinen Vorstellungen dekorieren lassen. Ich hatte eine so schöne Idee, wie man das nüchterne Blech außen etwas sympathischer gestalten könnte: ganz nostalgisch. Aber alle haben gesagt: Lass es sein. Ich habe eine Nacht lang ganz schlecht geschlafen und dann gesagt: »Ich mache es doch.« Als es fertig war, fanden es alle toll. Und haben behauptet: »Haben wir doch gleich gesagt.« Durch so etwas kriegt man auch mit, was eigentlich hinter der Fassade eines Menschen steckt. Sie sind oft nicht ehrlich, sie reden einem nach dem Mund. Es sind nicht alle so, aber manche schon und mit denen muss man vorsichtig sein. Man muss alles genau überdenken.

An Beratern habe ich immer gespart. Das waren aber auch andere Zeiten früher. Wenn ich das heute sehe: Da leistet man sich professionelle Hilfe von Fachleuten. Ich habe die meisten Dinge immer alleine gemacht. Früher gab es ja auch noch Handschlag und Vertrauen – die zählen heute kaum mehr. Die Banker, die es vielleicht noch machen möchten, dürfen es auch gar nicht mehr. Das ist vorbei. Heute hat man ein Gremium, das über Geschäfte entscheidet. Das finde ich schade, denn die Leute, die da sitzen, haben dadurch selbst gar keine Erfolgserlebnisse mehr. Die können nicht mehr sagen: »Das habe ich geschafft.« Bei mir im Mittelstand, als Einzelunternehmerin, da kann man das noch sagen. Mir bleibt das Gefühl erhalten. Natürlich: Wenn ich Mist gebaut habe, sitze ich genauso drin.

Ich bin jetzt 74 Jahre alt. So schnell werde ich aus dem Unternehmen aber wohl nicht aussteigen. Ich bin schon ein bisschen ruhiger geworden im Alter. Ich fahre nicht mehr die ganz schnellen Rennen zum Beispiel, sondern Rallyes – Oldtimerveranstaltungen. Es ist immer noch Motorsport. Und ich habe den Ehrgeiz, gut zu sein. Aber wenn ich nicht die Erste bin, ist es kein Weltuntergang. Ich muss nicht mehr unbedingt den Topf gewinnen. Das lässt nach, man wird vernünftiger. Der Spaß ist immer noch da, aber man muss halt nicht mehr den Baum ausreißen, vielleicht nur noch das Bäumchen.

Als die große Krise kam, habe ich zu lange darauf vertraut, dass alles wieder in Ordnung kommt, habe nicht gleich Leute entlassen. Das war ein Fehler. Es passierte, was vorher noch nie vorgekommen war: Ich brauchte Geld. Ich habe immer vernünftig gehaushaltet, habe immer was in Reserve gehabt für meine Leute. Und nun fragten mich die Banken: »Sie sind über siebzig, haben keine Nachfolgeregelung und wollen Geld leihen?« Aber was

167

sollte ich tun: Meine beiden Kinder wollten das Geschäft damals nicht übernehmen. Wir hatten Unmengen an Verlust gemacht und waren ein Unternehmen in der Autobranche: Die Pest hätte kaum übler sein können.

Das war schlimm für mich, sehr schlimm. Ich weiß nicht, wie ein Mann diese Situation erlebt hätte, aber für mich war es erniedrigend. Ich habe nicht gewagt, jemanden um Geld zu fragen. Männer hätten da sicher keine Hemmungen gehabt. Ich habe Freunde, die haben Geld, aber von denen ist auch niemand von alleine gekommen und hat gesagt, ich leihe dir was. Ich habe mich alleine durchgekämpft. Letzten Endes hat dann aber doch ein Freund der Familie geholfen – die Familie hat zusammengehalten, das war toll. Mein Sohn kam als zweiter Geschäftsführer in die Firma, um mich zu unterstützen. Er wollte nur ein halbes Jahr bleiben, aber jetzt sind es schon zwei Jahre und er bleibt ganz. Wir kommen gut klar und ergänzen uns: Er ist ein bisschen pingeliger mit Zahlen, ich bin da etwas großzügiger. Ich habe immer mehr Vertrauen zu Menschen und er hinterfragt mehr. Also ist alles wunderbar.

Als Unternehmerin sind für mich Werte wie Anstand und Stil ganz wichtig. Ich sage mir immer: Jeder hat nur ein Leben. Vielleicht kommt man damit nicht immer so weit, aber es gibt mir Ruhe, ich kann gut schlafen. Ich fühle mich wohl. Und ich denke, auf lange Sicht zahlt sich das auch aus. Es ist keine Garantie auf Erfolg. Aber in der Krise zum Beispiel hat es sich sicher bewährt, dass ich immer anständig gearbeitet habe. Die Kunden sind bei mir geblieben. Ich bin zum Beispiel auch überhaupt nicht geldgierig. Ich bin dafür verantwortlich, dass meine Mitarbeiter Arbeit haben, dass es ihnen gut geht, dass ich ihnen wieder Urlaubs- und Weihnachtsgeld zahlen kann. Das ist mir wichtig. Es bedrückt mich heute noch, dass ich in der Krise Menschen entlassen musste. Diesen Kummer werde ich mit ins Grab nehmen. Das kann ich nicht wiedergutmachen. Aber damals hätte es auch ganz leicht passieren können, dass die Firma in den Ruin getrieben wird, dass alles weg gewesen wäre. Umso schöner finde ich es, dass wir das Unternehmen nun in der dritten Generation weiterführen können.

Nicht alle Männer kommen gut damit klar, wenn eine Frau Erfolg hat. Ich denke, viele Männer wollen Frauen grundsätzlich klein halten, weil sie Angst haben, dass sie später zur Konkurrenz werden, ihnen irgendwann den eigenen Job wegnehmen. Mir wurde mehr als einmal gesagt: »Wissen Sie, Frau Hetzer, das ist alles nur Neid, Neid, Neid.« Andere Männer sind für einen Mann genauso Konkurrenten, aber eine Frau – da ist es noch nicht selbstverständlich, dass die auch eine Gefahr darstellt, und deshalb wird es stärker wahrgenommen. Und eigentlich soll die doch sowieso zu Hause am Herd stehen und die Kinder hüten! Deshalb sehe ich das mit der Frauenquote so: Muss eigentlich nicht sein, aber muss eben doch sein. Denn sonst geht es nicht weiter. Freiwillig stellen die Männer doch keine Frauen ein!

Nun bin ich auch nicht dafür, dass alle Frauen arbeiten sollen. Das soll jede für sich entscheiden. Ich mache aber gern Frauen Mut. Weil ich es gut finde, wenn sie Stärke zeigen. Frauen können so verdammt gut kämpfen. Das glaubt man nicht. Und man kann es auch wieder nicht verallgemeinern. Es gibt natürlich auch viele, die gleich von vornherein aufgeben und sagen: »Nee, kann ich nicht, will ich nicht.« Die fangen irgendwie gar nicht erst an. Das muss man auch respektieren, es kann ja nicht jede Frau eine Kämpfernatur sein. Aber es gibt eben Frauen, die das in sich haben und wirklich gut können – und besser darin sind als Männer. Das will man nicht wahrhaben. Aber es ist so.

Es haben auch viel mehr Frauen Interesse an Technik, als man denkt. Diese Frauen brauchen wir alle. Für die weitere wirtschaftliche Entwicklung ist es ganz wichtig, dass wir tüchtige, intelligente Frauen haben, und die müssen gefördert werden. Wir stehen sonst ganz dumm da, müssen aus dem Ausland Leute herholen, weil wir unsere Frauen nicht fördern. Die Frauen müssen sich dann aber auch outen und nicht nur sagen: »Ach, ich würde so gerne, aber uns will man ja nicht.« Wenn sie eine Chance bekommen, müssen sie sie auch nutzen.

Was mir als Unternehmerin häufig auch im Weg steht, ist die Eifersucht der Ehefrauen. Beim Rallyefahren ist es immer so: Die meisten Frauen unter den Zuschauern sagen »Toll, eine Frau fährt mit, das finden wir spitze!«. Frauen, deren Männer mitfahren, sagen aber »Was, du hast dich von einer Frau besiegen lassen? Das kann doch nicht mit rechten Dingen zugegangen sein«. Als ob sie ihr Nest verteidigen müssten. Auch wenn ein Mann nur mal ein kleines bisschen freundlicher ist, dann heißt es gleich »der hat doch was mit der«. Es geht schnell in diese sexuelle Richtung. Also, sie müssen im Grunde hässlich und eine Zicke sein, damit der Erfolg ihnen wirklich zugetraut wird.

Frauen und Autos: Da sagen ja heute noch viele, dass das nicht zusammenpasst. Aber das passt unbedingt zusammen! Frauen fahren auch sehr gut. Man lässt sie nur oft nicht an die Technik ran. Sie müssen es eben von sich aus stärker zeigen, wenn das Technische sie interessiert! Und egal ob technikinteressiert oder nicht: Jede Frau sollte wissen, wie man einen Reifen wechselt. Das muss man auch mit den modernsten Autos können.

Ich glaube auch, dass das technische Interesse eine Sache der Gene ist. Ich war zum Beispiel ganz sicher, dass meine Enkelin so technikbegeistert wird wie ich. Aber das sieht man jetzt schon, mit drei Jahren, dass sie das nicht ist. Ihr Bruder ist zwei Jahre jünger und kann mit dem Laufrad schon rückwärtsfahren. Das hat nichts mit Erziehung zu tun. Das ist irgendwo schon ein bisschen in den Genen festgelegt. Andererseits kann auch Erziehung viel bewirken. Ich habe Talent für Technisches, aber wenn mein Vater einen Sohn gehabt hätte, hätte der bestimmt die ganze Aufmerksamkeit beim Basteln bekommen. Da war aber kein Sohn. Und ich habe es gerne mitgemacht, er hat es mir gerne erklärt. So bin ich automatisch da reingekommen. Da hatte ich Glück.

Ich denke: Die Zeit ist reif für mehr Frauen im Beruf und auch in Führungspositionen. Es hat lange gedauert, aber wenn man genau hinschaut: So lange war es auch wieder nicht. Wir müssen jetzt dranbleiben. Darum bin ich auch für die Frauenquote. Und das darf man dann nicht wieder einschlafen lassen. Jetzt muss der Durchbruch kommen, der Knoten muss platzen. Die Frauen dürfen rauskommen, es ist so weit.

*

Touché! Recht hat sie! Frau Hetzer wurde damals, als sie die Firma übernehmen musste, nicht gefragt, ob sie sich so einen Job zutraut – als Frau in der Autobranche und mit gerade mal 31 Jahren schon so ein großer Betrieb. Sie musste ran, so wie es oft in Familienunternehmen der Fall ist. Nun kann sie auf ein bewegtes Leben zurückblicken und ist bis ins hohe Alter fit und erfolgreich. Auch da könnte ein Vorteil bei den Frauen liegen, die häufig besser auf ihre Gesundheit achten. Sie geben sich nicht auf für den Job, sondern kümmern sich auch um sich selbst und ihr Wohlbefinden. Damit kommen sie sicher ein gutes Stück weiter.

»Sie führt emotional«

Die sensible Starke

RONALD HESS (50), Verkaufsleiter der Opel Hetzer
GmbH & Co. Automobil KG, Berlin, über seine Chefin

Ich habe Frau Hetzer gefragt, ob ich noch mit einem ihrer
Mitarbeiter sprechen kann. Und sie hat mich gleich in das
Büro von Herrn Hess geführt, dem Verkaufsleiter in ihrem
Haus. Er habe ihr in einer schwierigen Situation Vertrauen
bewiesen, dafür sei sie ihm ewig dankbar. Herr Hess ist
einverstanden, wir vereinbaren einen Termin und ich fahre
noch einmal in das Opel-Autohaus an der Berliner Stadtautobahn.

Ich bewundere starke Frauen und arbeite gern mit ihnen. Eine starke Frau geht mit Kompetenz und dem Willen, Entscheidungen zu treffen, ihren Weg. Sie steht für etwas. Und man kann auch mit ihr darüber diskutieren. Im Job sowie in einer Partnerschaft bin ich für Ausgeglichenheit. Man kann in Beziehungen oft beobachten, dass es Männern gefällt, wenn Frauen zu ihnen aufschauen und sie bewundern. Das ist nicht mein Ding. Ich bin nicht der Typ, der jemanden braucht, der ihn anhimmelt. Ich mag es, dass Frauen auch im Beruf eine andere Seite einbringen. Sie werten Dinge aus einem anderen Blickwinkel. Und sie bringen eine völlig eigene Betrachtungsweise zu Problemen, zu bestimmten Dingen mit.

Ich bin jetzt seit über 21 Jahren hier im Unternehmen. Im Verkauf bin ich noch gar nicht so lange, bin erst Ende 2008 hierher gewechselt. Wir haben damals lange nach einem Verkaufsleiter gesucht, aber keinen guten gefunden. Dann hat Frau Hetzer mich überredet, die Seiten zu wechseln – vom After-Sales-Bereich in den Sales-Bereich. Ich bin gelernter Kfz-Meister, komme aus der technischen Richtung. Bei Opel Hetzer habe ich als Serviceberater angefangen, also in der Werkstatt. Später bin ich zum Serviceleiter und After-Sales-Leiter für alle Filialen, die es damals gab, aufgestiegen. Und seit drei Jahren bin ich nun also Verkaufsleiter.

Ich gehe mal davon aus, dass Frau Hetzer mich für die Stelle ausgewählt hat, weil ich schon immer ein bisschen über meine Grenzen geschaut habe – auch als Techniker – und die Weitsicht hatte, dass man stets das gesamte Unternehmen im Blick haben sollte. Als wir die Filiale für die US-Modelle von General Motors noch hatten, habe ich mich dort auch schon mit um den Verkauf gekümmert. Es war also kein ganz neuer Bereich für mich. Und Frau Hetzer hat mir offensichtlich zugetraut, dass ich mich dort auch bewähre.

Es war anfangs natürlich eine Herausforderung: Ein neuer Bereich, in den ich mich aber ganz gut eingearbeitet habe, denke ich. Es ist heute nicht so, dass ich sage, die Technik ist vergessen. Ich nutze beide Seiten, die Vorteile beider Welten. Ich tausche mich mit Frau Hetzer auch über viele übergreifende Themen aus, die den gesamten Betrieb betreffen. Da ich schon so lange zum Unternehmen gehöre, haben wir ein sehr vertrauensvolles Verhältnis.

Frau Hetzer ist auf jeden Fall eine gute Unternehmerin, so wie man sie sich im Mittelstand vorstellt: eine echte Familienunternehmerin. Wenn ein Mitarbeiter mal irgendwie in Not sein sollte und sie um Unterstützung bitten würde, dann würde sie immer helfen. Das ist jetzt vielleicht ein banales Beispiel, aber ich denke, wenn ich mit meiner Familie auf der Autobahn liegen bleiben würde und ich wüsste mir gar nicht zu helfen, könnte ich Frau Hetzer anrufen, die würde sich sofort kümmern. Das gilt dann eben in allen Bereichen, auch bei echten Krisen.

Auch in schwierigen Situationen, als es dem Unternehmen nicht gut ging, hat Frau Hetzer gezeigt, dass sie für uns Mitarbeiter einsteht. In der Krise im Jahr 2008 hat sie vor allem ihren Angestellten zuliebe durchgehalten. Sie fühlt sich verantwortlich für ihre Mitarbeiter. Es gibt ja viele Unternehmer, die immer mit Kalkül handeln, die eher eine Kosten-Nutzen-Rechnung machen, als auf das Menschliche zu schauen.

Nun bin ich persönlich zum Glück nie in Not geraten, weder im Großen noch im Kleinen. Deshalb habe ich ihre Hilfsbereitschaft bisher privat nie nutzen müssen. Aber im Alltag in der Firma erlebe ich ihre Menschlichkeit in vielen verschiedenen Situationen. Es sind oft ganz einfache Dinge, dass man etwas mit ihr bespricht und dass sie dann auf dem kurzen Weg darüber entscheidet. Dass wir uns zusammen hinsetzen und beraten, wie wir mit einer Sache verfahren. Der Umgang mit ihr zeugt von gegenseitigem Respekt und Interesse. Und sie hält immer Wort: Wenn sie ein Versprechen gibt, dann löst sie das auch ein. Das sind alles Eigenschaften, die ich an einem Unternehmer schätze.

Es fällt mir schwer zu sagen, das und das kann sie besonders gut, weil sie eine Frau ist. Aber ich sage mal, es sind so bestimmte

175

Dinge, ein bestimmtes Gefühl, bestimmte Ahnungen. Auf der Gefühlsebene ist Frau Hetzer als Frau sehr stark. Sie ist sehr sensibel. Und ich denke, das alles findet man bei Männern seltener.

Meine Chefin trifft manchmal sehr emotionale Entscheidungen, oft sind die aber goldrichtig. Ich denke da an Marketingideen oder die Auswahl eines bestimmten Automodells. Wo sie sagt: »Das machen wir so.« Oder: »Wir hängen das so auf.« Oder: »Wir stellen das Auto da hin.« Sie entscheidet nicht nur emotional, sie führt auch emotional. Die Mitarbeiter fragen sich vielleicht schon, ob das sinnvoll ist oder ob man das so machen kann. Aber dann stellt man fest, dass die Kunden es mögen und dass es richtig war, das so zu machen.

Manchmal hat sie auch ganz spontane Einfälle und setzt gegen Widerstände durch, dass sie umgesetzt werden, und die stellen sich dann letztlich als erfolgreich heraus. Die Widerstände kommen dabei oft von Männern, fällt mir auf. Weil die eher vorsichtig sind, so etwas noch mal bereden wollen, oder vielleicht sehr genau über mögliche juristische Bedenken nachdenken. Da ist Frau Hetzer anders. Sie fragt, ob etwas umsetzbar ist – und wenn es das ist, dann wird es gemacht! In vielen Fällen ist das auch absolut richtig. Das macht dann natürlich Spaß.

Ich denke, dass Frauen in zehn, zwanzig Jahren in der Gesellschaft einen ganz anderen Stellenwert haben werden als heute. Die Ansätze dazu sind ja schon da. Ich hoffe aber, dass es nicht in die ganz andere Richtung umschwenkt und dass es dann nur noch Chefinnen gibt. Es sollten nicht nur Männer führen. Aber es sollten auch nicht nur Frauen führen. Denn ich denke, das würde auch nicht funktionieren. Frauen würden dann sicher ihre eigenen Formen von Hierarchien entwickeln.

Im Moment haben Frauen ja noch nicht so sehr den Drang dazu, den Wettbewerb zu suchen. Männer schon, die müssen sich immer sehr stark mit anderen messen. Frauen konkurrieren vielleicht mehr auf der persönlichen Ebene, da geht es um Attraktivität zum Beispiel, aber dienstlich ist ihnen das eher noch fremd. Im Moment erleben Frauen den Wettbewerb im Beruf in dem Sinne, dass sie noch mehr um Anerkennung kämpfen müssen. Sie müssen sich mit den Männern messen und ein Stück mehr machen als ein Mann, um als gleichwertig betrachtet zu werden.

Man denkt oft, die Frau muss sich männliche Verhaltensweisen aneignen, um sich in dieser Männerwelt durchzusetzen. Ich glaube aber nicht, dass das der richtige Weg ist. Die Frauen sollten bei sich bleiben, zu sich stehen und mit ihren speziellen Attributen punkten. Frau Hetzer hat das über die Jahrzehnte gelernt. Als sie den Betrieb sehr jung übernommen hat, war es am Anfang sicher auch sehr schwer für sie. Aber sie hat gelernt, wie man damit umgeht.

Wenn es Konflikte gibt, dann versucht meine Chefin natürlich schon, klare Fronten zu schaffen. Aber sie findet dann auch eine echte Lösung. Wenn ein Mitarbeiter zum Beispiel schnodderig auf Kritik antwortet, und das kommt ja schon mal vor, sagt sie nicht: »Das wird so gemacht, weil ich das so will!« Sondern sie regt zum Beispiel dazu an, das Problem aus Sicht der Kunden zu sehen. Damit bricht sie die Angelegenheit auf das eigentliche Problem herunter und jeder geht einen Schritt zurück und denkt ernsthaft über die Sache nach. Der Mitarbeiter erkennt, dass es nicht darum geht, die Chefin zufriedenzustellen. Sondern dass sie nur eine Person ist, die auch mit dem Problem in Berührung kommt, weil sie die Verantwortung trägt. Unzufrieden ist in dem Moment ja jemand ganz anders. Frau Hetzer muss nur dafür sorgen, dass das Problem gelöst wird, und verhindern, dass es sich in der Zukunft wiederholt. Ich denke, das ist auch eine weibliche Stärke: dass Frauen versuchen, die Auseinandersetzung auf der persönlichen Ebene so klein wie möglich zu halten.

Dass die weibliche Seite in der Gesellschaft mehr Bedeutung gewinnt, das sehe ich nicht als Gefahr. Ich glaube, dass ein Mann sich immer noch mit Kompetenz und Vernunft behaupten kann. Also ich habe damit überhaupt kein Problem, ich sehe das nicht als Konkurrenz. Wir haben Verkäufer und Verkäuferinnen im Haus und teilweise sind die Frauen erfolgreicher. Das ist völlig okay für mich. Und wenn morgen beispielsweise eine Serviceleiterin als weitere Abteilungsleiterin eingesetzt werden würde, wäre das auch okay. Für mich zählt die Kompetenz – ob weiblich, ob männlich, ob schwarz, grün oder gelb, das ist mir wirklich egal. Man sollte es als Mann auch nicht überbewerten, dass die Frauen in Zukunft im Beruf stärker präsent sein werden. Darauf müssen wir uns nicht vorbereiten oder so etwas in der Art. Es ist eine ganz normale Entwicklung in der Gesellschaft. Das hat seine positiven und seine negativen Seiten.

Ich finde es gut, dass die aktuellen Entwicklungen die Kompetenzen von Frauen stärken. Wenn sie mehr Zeit und mehr Freiheiten bekommen, um sich im Beruf zu verwirklichen – auch mit Kindern –, dann erwerben sie mehr Wissen und sammeln mehr Erfahrungen. Sie müssen nicht als Mutter »versacken«. Wobei ich es um Gottes willen nicht schlecht darstellen will, wenn sich eine Frau für ihre Familie engagiert. Ich will das auf keinen Fall unterbewerten. Wenn man heute zwei Kinder versorgen und sich um einen großen Haushalt kümmern muss, dann ist das ja auch ein Fulltime-Job. Aber wenn wir jetzt über das Berufsleben sprechen, da ist es sicher schön, wenn eine Frau, die zum Beispiel studiert hat, auch mit Kindern im Job bleibt.

Die beiden Verkäuferinnen, die ich im Team habe, verkaufen sehr erfolgreich. Ich glaube aber nicht unbedingt, dass es daran liegt, dass sie Frauen sind.

Sie bringen einfach sehr viel Wissen, Erfahrung und Können mit. Sie sind außerdem sehr gut in der Lage, sich auf die verschiedensten Charaktere einzustellen, und das macht einen guten Verkäufer aus. Ich glaube aber auch, dass das ein Mann genauso könnte. Wenn in einem anderen Haus die Männer mehr verkaufen, würde ich dort sagen, Männer seien die besseren Verkäufer. Ich glaube wirklich, das liegt an der Person, deren Kompetenz,

Charisma und Charakter. Das gilt auch generell für Unternehmerinnen oder Unternehmer.

Frau Hetzer ist es wichtig, dass unter den Mitarbeitern und letztlich auch mit ihr die Chemie stimmt. Es ist nicht so, dass sie oben in ihrem Büro in ihrem goldenen Käfig sitzt und wir hier unten ganz für uns arbeiten und nur ihre Befehle empfangen. So ist es gar nicht. Dazu ist sie viel zu gern unter Leuten. Sie will auch erleben, was passiert, und sie setzt sich damit auseinander. Das ist auch sehr weiblich, würde ich sagen – dass sie sehr präsent ist und immer erreichbar für uns.

Manchmal schießt sie da etwas übers Ziel hinaus. Es gibt Situationen, die sie aus ihrer Spontanität heraus mit einer solchen Vehemenz anschiebt – da denke ich manchmal, dass man das auch anders, vor allem ruhiger, lösen könnte. Aber wenn ihr etwas sehr wichtig ist, dann bekommt das so eine Priorität, dass sie unerbittlich an der Sache arbeitet und mitunter die halbe Abteilung lahmlegt, weil sie nur noch dieses Thema sieht. Da wäre manchmal mit weniger Aufwand und etwas mehr Ruhe vielleicht sogar die bessere Lösung machbar.

Für uns als Mitarbeiter bietet sich da die Chance zu sagen: »Frau Hetzer, Sie haben völlig recht. Aber überlassen Sie das ruhig mir und ich schaffe das.« Wenn das dann eine Person sagt, die von ihr geschätzt wird und von der sie weiß, dass das Thema bei ihr gut aufgehoben ist, dann kann sie auch loslassen. Problematisch wird es nur, wenn sie merkt: Es tut keiner was. Wenn gesagt wird »Jaja, wir machen gleich …« und dann passiert nichts. Das mag sie gar nicht. Dann kann sie unerbittlich sein und bleibt manchmal sogar daneben stehen, bis die Sache erledigt ist.

Sie zeigt uns oft ihre Wertschätzung. Dazu nutzt sie meistens »offiziellere« Gelegenheiten: Wenn man zum Beispiel in den Urlaub geht, an Weihnachten oder Ostern – Situationen also, in denen man sich verabschiedet und sagt: »Ich bin jetzt ein paar Tage nicht da.« Wir sind nicht so ein Unternehmen, in dem sich morgens und zum Feierabend alle persönlich die Hände schütteln. Die Zeit haben wir nicht. Aber wenn man eben längere Zeit nicht da sein wird, geht man schon zu ihr ins Büro und gibt Bescheid. Und dann sagt sie etwas wie: »Machen Sie mal schön Urlaub. Herr Hess, ich bin wirklich froh, dass Sie da sind, ich freue mich.« Das kommt dann ganz herzlich und persönlich rüber. Es wirkt überhaupt nicht aufgesetzt, wie in einer Rhetorikschulung oder in einem Motivationsseminar gelernt – so was hat sie, glaube ich, sowieso noch nie gemacht. Sie macht es so, wie sie es macht. Und dann kommt es auch an.

*

Ein Mann, der keine Angst vor starken Frauen hat, sie sogar schätzt. Ich nehme es Herrn Hess in unserem Gespräch sofort ab, dass er das ernst meint. Und mir wird bewusst, wie wichtig es ist, dass es viele solcher Männer gibt. Herr Hess ist sicher auch von Haus aus tolerant. Aber dass er schon so viele Jahre eine Chefin hat und sie als kompetent und authentisch wahrnimmt, hat ihn sicher nur darin bestärkt. Ich denke: Je mehr Chefinnen es gibt und in Zukunft geben wird, desto besser können Männer damit umgehen. Und desto leichter wird es vielleicht für Frauen, Karriere zu machen.

»Ich brauche Herausforderungen«

Die flexible Managerin

GABRIELE EICHLER (57), Geschäftsführerin
von Jana Hair Class, Berlin

Der Salon Jana Hair Class am Potsdamer Platz in Berlin ist
einer dieser Orte, an denen man sofort ankommt. Weil alles
perfekt ist. Man lässt sich in die weichen Polster der Lounge-
Ecke gleiten, es steht gleich ein kühles Getränk bereit. Von den
Friseurstühlen aus mauvefarbenem Leder und dem Holzboden
über dem Kronleuchter bis zur Bar mit farbiger Hintergrund-
beleuchtung glänzt und schimmert alles, absolut stimmig
und elegant. Hier wird Luxus verkauft. Die Kunden erwarten
etwas für ihr Geld. Wie wird man dem immer gerecht? Wie
schafft man es als Chefin, dass jeder Mitarbeiter den eigenen
Anspruch verinnerlicht und umsetzt? Das frage ich Gabriele
Eichler, die den Salon mit ihrer Tochter führt.

Wir sind ein festes Team, die meisten Mitarbeiterinnen sind schon über viele Jahre bei uns und wir kennen uns sehr gut. Wir verstehen uns, wie man so schön sagt, fast blind! Wir sind eine große Familie: Wir unterstützen einander, teilen Sorgen und auch die Freude. Das ist den Mitarbeitern genauso wichtig wie mir. Und es macht ein Stück weit den Erfolg im Job aus: Spaß bei der Arbeit haben und dabei auch mal die Uhrzeit und den Feierabend vergessen. Wenn Not am Mann ist, bleibt bei uns jeder gern mal die eine oder andere Stunde länger.

Der Kunde ist König: So alt wie dieser Satz ist, so wahr ist er. In unserem Salon ist er auch Grundsatz. Jeder muss das verinnerlichen: Wir sind ein Dienstleistungsbetrieb und das heißt, immer im Dienste des Kunden zu arbeiten. Also sich selbst hintenanzustellen und die Bedürfnisse der Kunden zu befriedigen. Einer meiner Leitsprüche lautet: Wenn wir nicht besser sind als unser Nachbar, dann kommen die Kunden nicht zu uns, sondern gehen zu ihm. Ganz einfach. Das müssen alle meine Mitarbeiter nicht nur begreifen, sondern auch leben. Als Chefin ist das eine meiner Aufgaben, ihnen das zu vermitteln.

Berlin ist die absolute Herausforderung. Ich habe immer gesagt: »Wenn wir mal hierher gehen, dann an einen ganz besonderen Standort.« Den haben wir gefunden: im Herzen Berlins, direkt am Potsdamer Platz. Seit sechs Jahren sind wir jetzt hier und ich freue mich heute noch genauso wie am ersten Tag, wenn ich den Salon betrete. Die Kreativität, die Vielfältigkeit und das pulsierende Leben Berlins spüren wir hier sehr stark. Das Arbeiten macht deshalb sehr viel Spaß. Ich denke, in unserem Salon glänzen wir durch absolute Fachlichkeit, professionellen Service und Menschlichkeit. So versuchen wir, durch unsere Arbeitskraft einen Teil zu dieser ganz besonderen Atmosphäre der Stadt beizutragen.

Als Chefin musst du immer alles im Blick haben, nur so kannst du selbst bestehen, vor dir selbst und vor deinen Mitarbeitern. Ich habe seit frühester Kindheit davon geträumt, mein eigener

Herr zu sein und ein eigenes Geschäft zu führen. Heute weiß ich: Träume können wahr werden! Aber nicht von allein, sondern mit viel Engagement, starkem Willen, Power, Durchhaltevermögen und Professionalität!

Der Friseurberuf hat so viele Facetten, die man täglich neu entdecken kann. Darauf freue ich mich jeden Tag aufs Neue. Für mich ist es immer noch ein wunderbares Gefühl, wenn meine Kunden zufrieden aus dem Salon gehen und sich wohlfühlen. Eine besondere Leidenschaft habe ich für den Samstag entdeckt. Da arbeite ich besonders gern. Wenn andere sich vielleicht schon dem wohlverdienten Wochenende widmen, freue ich mich, dass ich durch meine Arbeit etwas dazu beisteuern kann, dass Menschen sich wohlfühlen. Die Kunden haben am Samstag in der Regel mehr Zeit für den Friseurbesuch. Sie stehen nicht unter Zeitdruck. Sie genießen den Aufenthalt bei uns und leisten sich etwas für ihre Seele. Das ist einfach nur schön, wenn man das miterleben und ermöglichen kann. Das genieße ich richtig!

Ich werde oft gefragt, wie ich als Frau das alles unter einen Hut bringe: den Beruf, die Verantwortung für das Geschäft, die Familie und so weiter. Da kann ich immer nur sagen: Auch Frauen sind stark, manchmal viel stärker als Männer. Es zahlt sich aus, wenn man diese Stärken erkennt und sie natürlich auch ausschöpft.

Vom Grunde her ist keines der beiden Geschlechter der bessere Chef oder die bessere Chefin. Frauen haben vielleicht nur mehr Organisationstalent. Und sie sind diplomatischer. Dieses Fingerspitzengefühl, das haben wir einfach: zu wissen, was man wo und wie sagt. Vielleicht können einige Männer das auch gut. Ob Frau oder Mann, letztlich wird man ja auch immer an der Leistung gemessen. Meine Erfahrungen zeigen mir: Wer wirklich etwas erreichen will, der schafft es auch – unabhängig vom Geschlecht.

Zielstrebig, wie ich bin, habe ich meine berufliche Laufbahn relativ zeitig in die Richtung gelenkt, die ich mir vorgestellt habe. Ich kann heute auf dreißig Jahre im Beruf zurückschauen. Ja, es waren drei schöne Jahrzehnte, teils sehr schwer und hart, aber unterm Strich auch sehr erfolgreich. Mit 21 Jahren war ich jüngste Meisterin im Land Brandenburg und durfte sofort eine Leitungs-tätigkeit in der Genossenschaft übernehmen: Meisterbereichsleiter in einer PGH – einer »Produktionsgenossenschaft des Hand-werks«. Und dann bald ein eigener Salon. Die Selbstständigkeit hat mich schon immer gereizt. Ich finde es einfach spannend, mit meinen Mitarbeitern meine Ideen zu verwirklichen. 1981 habe ich den ersten Salon mit meinem Mann, der auch Friseurmeister war, in Beelitz bei Berlin eröffnet. Die Eröffnung war am 1. September 1981, zu Weihnachten konnten wir uns schon nicht mehr retten vor Kunden, haben bald einen Lehrling eingestellt und eine wei-tere Mitarbeiterin.

Ich liebe es auch, mit jungen Menschen zu arbeiten. Ich habe in fast vier Jahrzehnten Berufslaufbahn weit über hundert Aus-zubildende betreut. Wenn ich sehe, dass aus denen, die ich aus-gebildet habe, etwas geworden ist, dass sie heute gute Fachleute sind, das ist für mich der größte Lohn. Durch meine Schule sind drei Weltmeisterinnen gegangen. Ihr Können und ihre Leis-tungsbereitschaft haben diesen Frauen eine Vielzahl von Titeln auch auf bundesdeutscher Ebene eingebracht. Ich habe sie bei vielen Meisterschaften begleitet und den Erfolg mit ihnen teilen dürfen.

Meine Tochter Jana war dabei. Viele schöne, ereignisreiche, harte und interessante Jahre haben wir auf und am Laufsteg ge-meinsam verbracht. Meine Tochter als Teilnehmerin auf dem Steg und ich als Managerin am Steg. Jana hat brillante Leistungen ge-zeigt. Unzählige Ehrungen, Pokale und Auszeichnungen sind der Beleg dafür. Bei der Weltmeisterschaft der Friseure im Jahr 2000 in Berlin hatte sie einen festen Platz im Team Deutschland. Der Erfolg war zum Greifen nah. Und sie hat tatsächlich Gold geholt. Ich habe heute noch Gänsehaut bei dem Gedanken an diese auf-regende Zeit. Das war einfach nur schön!

Es ist alles andere als einfach, Friseurweltmeister zu werden. Die Bewertung unserer Arbeit ist teilweise sehr subjektiv: Du kannst kein Lineal anlegen und sagen »Diese Frisur ist gut oder schlecht«. Entweder es gefällt oder eben nicht. Dass wir das erreicht haben: Die ganze Mannschaft wurde Weltmeister und Jana zur weltbesten Friseurin gekürt und dann noch hier in Berlin – das war und ist für mich der größte Erfolg!

Danach sind wir in unserem Laden in Beelitz auch aus allen Nähten geplatzt. Es war also nur eine Frage der Zeit, bis Umbaumaßnahmen anstanden. Wir haben eine attraktive Wohlfühloase geschaffen. Die gute Resonanz der Kunden in Beelitz hat uns beflügelt. Bald überlegten wir, ein zweites Standbein zu schaffen. Daraus wurde Realität: Unseren Berliner Salon gibt es bereits seit sechs Jahren und er ist ein voller Erfolg.

Wenn ich so recht überlege, klingt das alles so einfach, problemlos und normal. Keines dieser Adjektive ist zutreffend. Viele Gespräche, intensive Beratungen und unendlich lange Telefonate bestimmten das Geschehen in der Bauphase. Aber das war gut so. So entstanden Netzwerke, die ich nicht missen möchte. Viele nette und auch berühmte Menschen haben wir in den letzten Jahren kennen und schätzen gelernt. Das ist eine notwendige und gute Basis für unsere Arbeit.

Wir wirken bei vielen großen Events in der Hauptstadt mit: sei es die Verleihung der Duftstars oder der ADAC-Ball. Eigentlich bieten wir hier einen Rund-um-die-Uhr-Service an. Bei einer Veranstaltung wie dem Filmball, auf der wir die Beauty-Lounge betreuen, entsteht ein Friseursalon, in dem zwar keine Haare gewaschen werden, aber eine perfekte, stylishe, dem Anlass entsprechende Frisur kreiert wird. Als Chefin kenne ich die Fähigkeiten und Talente meiner Mitarbeiter. Die kommen dann dort zum Einsatz.

Wir haben mehrere große Hotels direkt in der Nachbarschaft und arbeiten mit einigen eng zusammen. Unser Angebot für einen

VIP-Service wird sehr gut angenommen: Auf Wunsch kommen wir dahin, wo der Kunde ist. Dazu benötigst du eine hochprofessionelle Mannschaft. Und die habe ich.

Das alles zu managen, ist immer wieder eine Herausforderung. Ich arbeite mindestens sechzig Stunden pro Woche. Ehrlich gesagt, mein Geschäft füllt mich rundum aus. An den Wochenenden sind sehr oft Veranstaltungen, meine Tochter frisiert oft noch bei Shows und als Landesinnungsmeisterin bin ich weiter engagiert in der Verbandsarbeit des Zentralverbands des deutschen Friseurhandwerks.

Manchmal ist das schon alles heftig: die verschiedenen Menschen, die Termine, der Salon, die Mitarbeiter. Du musst immer präsent sein, immer aufmerksam und konzentriert. Man kann noch so viel planen, es kommen trotzdem immer spontan Dinge hinzu. Da betreust du schon eine große Veranstaltung und dann klingelt das Telefon, eines der Hotels ruft an und bestellt sofort jemanden für einen Promi. Natürlich sind das angenehme Überraschungen im Alltag und es ist toll, auch so ein kleines bisschen am Nabel der Welt zu agieren. Ich pendle da ja zwischen zwei Welten: In Beelitz ist alles bodenständig, da kommen die Kunden, haben regelmäßig ihre Termine, man kennt sich. Das ist auch schön, das ist nur anders. In Berlin ticken die Uhren doch etwas schneller. Hier ist jeder Tag eine neue Herausforderung.

Menschen zu verschönern, das hat mir schon immer Freude bereitet. Für mich ist es eine große Aufgabe, den Kunden das Gefühl zu geben, dass sie hier im Salon gut aufgehoben sind. Ich habe acht Mitarbeiter, inklusive zweier Auszubildender. Es sind fast alles Frauen. Seit Kurzem haben wir auch eine männliche Verstärkung, was uns alle freut. Dass wir ein Team mit vielen Frauen sind, ist für uns aber kein Problem. Das Friseurhandwerk ist ja grundsätzlich sehr weiblich geprägt. Aber es gilt: Wenn du Leistung bringst, bist du erfolgreich. Bringst du die Leistung nicht, hast du ein Problem.

Ich hebe alle Bewerbungen meiner Auszubildenden auf. Man kann daran nachvollziehen, wie beeindruckend sie sich entwickelt haben. Wenn ich jemanden ausbilde, liegt die Messlatte sehr hoch. Und ich habe immer im Hinterkopf: Ich lege das Fundament für die berufliche Laufbahn dieser jungen Menschen. Es ist aber schwer, heute noch gute Auszubildende zu finden, die wirklich motiviert sind, die sich einsetzen und die verstehen, was es bedeutet, in einem Dienstleistungsbetrieb zu arbeiten. Bewerber müssen erkennen, dass wir auch aufgrund unserer besonderen Lage und des Standortes hohe Ansprüche an uns stellen.

Der Erfolg der Arbeit ist in erster Linie abhängig vom Klima im Team. Ein grundlegendes Vertrauensverhältnis zwischen Chef und Angestellten ist unabdingbar. Meine Mitarbeiter sollten mit mir über alles reden können und ich finde sogar: Sie müssen mit mir über alles sprechen. Nur wenn Fragen, Probleme und Wehwehchen erkannt, angesprochen und diskutiert werden, kann man vertrauensvoll miteinander arbeiten, sich auf den anderen verlassen und ihn auch entsprechend fordern. Viele Teamabende und Diskussionsrunden zeigen mir, dass ich als Chefin auf dem richtigen Weg bin, die Kommunikation pflege und dies auch von meinen Mitarbeitern einfordere. Damit habe ich die Basis dafür geschaffen, dass meine Mitarbeiter sich bei mir jederzeit ganz ungezwungen Rat holen können und das auch tun. Wenn sie etwas wollen, kommen sie damit alle zu mir. Das ist mir wirklich wichtig: dass ich als ihre Chefin auch für sie da bin, wenn sie Probleme haben oder wenn Sachen zu regeln sind.

Das Team akzeptiert mich ohne Wenn und Aber. Die Mitarbeiterinnen respektieren das, was ich tue oder sage, weil sie wissen, dass ich nie blauäugig oder aus dem Bauch heraus entscheide. Sie können sich auf mich verlassen. Gleichzeitig ist klar, dass meine Weisungen zu befolgen sind. Genauso bringen sie eigene Ideen mit ein. Und ich erwarte, dass sie immer mitdenken, ihre Arbeit im gesetzten Zeitlimit in entsprechender Qualität realisieren. Dabei geht es mir vorrangig um das notwenige Maß an Pflichtbewusstsein und um klare Abläufe für alle. So unterschiedlich die Menschen sind, so unterschiedlich muss ich auch auf sie als Individuen eingehen. Der Mensch wächst mit seinen Aufgaben, sagt man. Ich will jeden meiner Mitarbeiter entsprechend seiner Fähigkeiten intensiv fordern und gleichzeitig fördern.

Mein Team ist recht jung, manche Kunden haben damit ein paar »Akzeptanzprobleme«. Aber auch hier gilt schlussendlich: Leistung überzeugt! Ich zeige meinen Mitarbeiterinnen, wie sie ihre Kompetenz zum Ausdruck bringen können. Kontrolle haben und sich durchsetzen – das muss man lernen.

Ich bin nicht nur Chefin, sondern auch Mutter. Da meine Tochter mit im Unternehmen arbeitet, ist es nicht leicht, bei ihr immer die gleichen Maßstäbe zu setzen. Wenn ich etwas durchsetzen will, das ihr nicht passt, wird es schwierig. Und ich gebe ehrlich zu: Da schlägt das Mutterherz stärker. Es gab aber einen Punkt, den ich konsequent durchgesetzt habe: Ich wollte sie nie selbst ausbilden und habe sie deshalb zu einer Berufskollegin in die Lehre geschickt. Ich wollte, dass sie einen anderen Betrieb kennenlernt und Erfahrungen sammelt. Sie sollte später schon bei mir im Unternehmen arbeiten, aber die Ausbildung sollte sie woanders absolvieren. Aus heutiger Sicht kann ich sagen, dass es so gut war und sich ausgezahlt hat.

Man lernt eben nur, wenn man Dinge selbst erlebt. Wenn Auszubildende bei der Arbeit neben mir stehen, denken sie vielleicht: Ach, das ist ja ganz leicht, das kann ich auch! Aber das ist es eben nicht. Wir müssen jeden Tag immer wieder das Fundament, welches der jeweilige Kunde mitbringt – seine Individualität –, in Mode und, dem Kundenwunsch entsprechend, in Form und Kreativität umsetzen. Sobald sie selbst den Kamm oder die Schere in die Hand nehmen, verstehen sie erst, wie schwer es ist. Im Salon führen wir auch alle vier Wochen Trainingsabende durch, um auf dem Laufenden zu bleiben. Das hilft sowohl bei der Beratung der Kunden wie bei der eigentlichen praktischen Tätigkeit. Ich halte mein Team immer dazu an, dass sich jeder Einzelne von ihnen so verhält, als würde er selbstständig arbeiten. Ich sehe es so: Entweder dein Beruf ist dein Hobby und du lebst dafür. Oder du gehst nach Feierabend nach Hause und hast eben wieder einen Tag lang Haare frisiert.

Ich muss ganz ehrlich sagen, es ist immer noch das Schönste für mich, wenn der Laden voll ist – logisch! –, und wenn alle zufrieden und glücklich sind. Das merkst du dem Kunden an, wenn er aus dem Laden geht. Wir kommen den Kunden ja sehr nah und in gewisser Weise ist unsere Arbeit auch immer ein Eingriff in die Persönlichkeit. Da ist es sehr wichtig, dass sich die Kunden wohlfühlen und uns vertrauen können. Der schönste Dank für mich als Friseurin und Chefin ist das Strahlen in den Gesichtern der Kunden und der zufriedene Ausdruck in den Gesichtern meiner Mitarbeiter. Auf diesem Weg möchte ich unbeirrt noch viele Jahre weiterarbeiten.

*

Während unseres Gesprächs klingelt mehrmals ihr Handy – Frau Eichler muss organisatorische Details zu Veranstaltungen klären. Sie führt diese Gespräche sehr persönlich, charmant und verbindlich. Gleichzeitig hat sie ihre Mitarbeiterinnen im Augenwinkel immer im Blick, gibt ein paar Mal Anweisungen, was bitte noch zu tun ist, oder beantwortet Fragen. Außerdem hat sie noch einen Handwerker angewiesen, einen Wasserhahn zu reparieren – und ihm dabei das Gefühl gegeben, dass er wirklich wichtige Arbeit leistet. Und trotz allem bleibt sie auch mir gegenüber konzentriert und aufmerksam. Sie schafft es, sehr fokussiert zu sein, dabei aber den Blick fürs Ganze nicht zu verlieren. Das ist mehr als Multitasking. Mir wird einmal mehr bewusst, was es wirklich bedeutet, ein Unternehmen zu führen. Und wie man sich dabei gleichzeitig immer wieder persönlich beweisen kann. Man muss immer hundertprozentig da sein, man muss dranbleiben. Vielleicht können Frauen das besonders gut. Und es kostet sicher Kraft, aber tut auch sichtlich gut.

»Sie sind fleißige Bienchen«

Die geltungsbewusste Kämpferin

HANNAH SCHARWITZ (32),* Angestellte in der Marketingabteilung eines Internet-Start-ups, Stuttgart, über ihre Chefin

Hannah ist jung, gebildet und attraktiv. Und sie weiß, dass sie gerade deshalb mit ihrer Meinung provoziert. Wir haben uns auf dem Geburtstag einer gemeinsamen Freundin kennengelernt und als ich ihr von diesem Buchprojekt erzählte, lächelte sie vielsagend. »Was ist los, was hältst du von dem Thema?«, fragte ich. »Ach, ich finde das alles übertrieben. Frauen sind als Chefinnen schwierig. Und wir machen uns da doch auch etwas vor: Wo sind denn die Frauen, die unbedingt Chefinnen werden wollen?« Ich musste grinsen, aber mir wurde klar: Sie meint das absolut ernst. Wir verabredeten uns für ein ausführlicheres Gespräch.

* Name geändert

Ich habe die Erfahrung gemacht, dass Männer die besseren Chefs sind. Meinen bisherigen Chefinnen fehlte die nötige Souveränität – meine männlichen Chefs hatten sie. Chefinnen sind strenger und ungeduldiger mit ihren Mitarbeitern, vor allem mit Frauen, weil sie es immer schwerer haben in Chefpositionen, da sie ankämpfen müssen gegen die Strukturen in einer Männerdomäne. Meiner Erfahrung nach denken Frauen in Führungspositionen, dass sie überperformen müssen. Sie glauben, sie müssten härter sein als die Männer. Das gilt natürlich vor allem für Branchen, in denen hauptsächlich Männer arbeiten. Zum Beispiel in der Software- oder IT-Branche oder im Maschinenbau.

Ich arbeite in einem kleinen Team von vier Leuten – drei Frauen und ein Mann – und mache meinen Job sehr gern. Meine Chefin ist ein Jahr älter als ich. Wir verstehen uns im Team gut, die Zusammenarbeit klappt meistens auch gut. Wenn es Probleme gibt, dann sagt schon mal eine von uns: »Du, lass uns mal kurz nach nebenan gehen und darüber reden. Wie hast du das gerade gemeint?« Und damit schaffen wir Missverständnisse aus der Welt. Ich habe großen Respekt vor dem, was meine Chefin alles schafft. Soweit ich weiß, hat sie sich ihren Platz im Management richtiggehend erkämpfen müssen. Sie hat darauf bestanden, dass sie dort mitmischen darf, und hat sich durchgesetzt. Sie hat sich enorm viel Wissen angeeignet und sich in den Bereich eingearbeitet.

Trotzdem: Ich kam mit Männern als Chef bisher besser aus. Sie sind zum Beispiel viel entspannter. Wenn bei uns eine dringende Frage aufkommt, verfallen wir sofort in operativen Aktionismus, statt in Ruhe nachzudenken. Ein Mann wäre da viel souveräner, würde sagen: »Wie machen wir es, um auch zukünftig für solche Fälle gewappnet zu sein?« Frauen sind schnell und fleißig. Dass es diese Unterschiede gibt, finde ich auch okay. Es ist natürlich schlimm, wenn Frauen die härteren Männer werden müssen, um Karriere zu machen. Aber wenn ich meine Chefin sehe: Die ist halt auch einfach tough. Wenn sie mal ein bisschen dominanter auftritt, dann passt es zu ihr.

Ich glaube: Meine Chefin steht unter Druck – ob der nun selbst gemacht ist oder von irgendwoher kommt. Aber sie steht unter dem Druck, dass sie Erfolg haben muss und will. Das ist teilweise sicher eine sehr persönliche Frage. Aber auch in unserer Firma stinkt der Fisch wahrscheinlich vom Kopf her. Der Geschäftsführer zeigt keine Führung, hat jedoch sehr hohe Ansprüche. Da wird an der Erwartungshaltung wenig klar definiert, aber sie ist eindeutig da. Menschlich gesehen ist der Geschäftsführer ein cooler Typ. Aber in der Zusammenarbeit mit ihm ist es wirklich frustrierend, wenn er nicht reagiert, obwohl seine Freigabe erforderlich ist oder Ähnliches. Wenn das immer so ist, bist du irgendwann genervt. Wenn man sich dann respektlos behandelt fühlt, macht einem das das Leben eben auch schwer. Da kann ich meine Chefin verstehen, wenn sie ihren Frust ab und zu an uns weitergibt.

Meine Chefin hat diesen Drang nach Geltung: Sie kann nicht lockerlassen, mischt sich in den verschiedensten Abteilungen ein, hat überall ihre Finger im Spiel. Sie will wichtig und unabkömmlich sein. Dieser Fleiß, der macht Frauen auch aus. Die fleißigen Bienchen. Ich hab den Eindruck, dass sie immer beschäftigt wirken muss. Was bei Frauen in Chefpositionen meiner Erfahrung nach auch schwierig ist, ist ihre Zickigkeit. Sie lästern viel und können extrem fies sein. Männer sind offener, ehrlicher in der Konfrontation. Frauen machen das eher unterschwellig. Sie wollen Bündnisse schmieden, um gegen andere anzugehen. Sie versuchen, Leute auf ihre Seite zu ziehen und sich gegen andere zu positionieren. Sie definieren sich darüber, dass sie andere kleinreden und schlechtmachen.

Bei uns gibt es im Management hauptsächlich Männer. Besprechungen enden selten mit konkreten Ideen. In solchen Konstellationen glaube ich, dass weiblicher Input viel beitragen kann. Meine Chefin fordert zum Beispiel Ergebnisse ein, fragt die nächsten Schritte ab und sorgt für konkrete Aussagen. Wenn mehr Frauen Chefinnen wären, ohne sich vor ihren männlichen Kollegen profilieren zu müssen, würden Mitarbeiter in Unternehmen vielleicht lösungsorientierter und konstruktiver arbeiten. Es gibt ja in Unternehmen Bereiche, in denen vorwiegend Frauen arbeiten, zum Beispiel im Marketing, in der PR oder im Personalwesen. Warum ist es denn so, dass es »klassische« Frauenberufe gibt?

Ich weiß nicht, ob per Quote erzwungen werden sollte, dass mehr Frauen in Chefpositionen kommen. Ich kenne die Frauen nicht, die eine Quote brauchen. Ich kenne sie einfach nicht. Dass jemand gern aufsteigen würde, es aber nicht kann, weil Männer im Weg stehen oder es nicht zulassen – das habe ich einfach noch nicht erlebt. Frauen, die in die Führungsetage wollen, die haben doch garantiert so viel Power, dass sie das auch schaffen. Wer Chefin werden will, wird es auch.

Der Konsens scheint immer zu sein: Alle wollen die Quote. Aber welche Frauen wollen führen? Und in welchen Branchen wollen sie das? Ein Großteil will doch keine Chefposten. Fast jede Frau will arbeiten und einen Job haben, um unabhängig zu sein und Bestätigung zu bekommen. Aber trotzdem habe ich das Gefühl, dass die meisten mit einem gewissen Sicherheitsabstand nach ganz oben auch sehr gut leben können. Es geht ja nicht um die Entscheidung zwischen Chefetage oder Haushalt.

Vielleicht würden mehr Frauen aufsteigen wollen, wenn die Unternehmen umdenken. Wenn sie flexiblere Arbeitszeitmodelle oder Optionen wie Homeoffice verstärkt anbieten würden, wären Chefpositionen für Frauen sicher attraktiver. Obwohl die Frauen, die Karriere machen wollen, wohl nicht die Frauen sind, die im Homeoffice arbeiten wollen.

Brauchen wir mehr Frauen in Führungspositionen, weil sie dann Vorbilder für andere Frauen sind? Vielleicht fehlen diese positiven Vorbilder, vielleicht ist es aber doch nicht die Bestimmung der Frau, im Management ganz oben mitzuspielen? Oder zumindest ist es doch abhängig von der Branche, in der »frau« arbeitet und in der sie eine Position im Management anstrebt. Bei der Debatte um dieses Thema finde ich schwierig, dass man unter Rechtfertigungsdruck gerät, sobald man solche Zweifel ausspricht. Das gegenteilige Argument ist immer das politisch korrekte. Und als Frau darf man schon gleich gar nicht so reden. Für mich war immer klar, dass ich arbeiten werde. Ich definiere mich auch ein Stück weit über meinen Job. Heute sind Frauen viel selbstbestimmter als zum Beispiel in unserer Elterngeneration. Durch unsere gute Ausbildung haben wir so viele Möglichkeiten. Vielleicht dauert es einfach noch, bis Frauen in Führungspositionen ganz selbstverständlich sind. Während unsere Generation noch etwas zögerlich ist, viel ausprobiert und lange nicht erwachsen werden will, bevor sie im Beruf richtig Fuß fasst, wächst da jetzt eine neue Generation nach – super ausgebildet, spricht perfekt mehrere Sprachen und weiß schon sehr früh ganz genau, was sie will. Vielleicht ist es für die Frauen dieser Generation dann ganz selbstverständlich, dass sie Chefinnen werden wollen.

*

Im Gespräch mit Hannah hat mir mehrmals kurz der Atem gestockt: weil sie Dinge sagt, die heftig wirken, aber die teilweise auch sehr wahr sind. Es sind unbequeme Wahrheiten. Ich ertappe mich sogar bei dem Gedanken: Stimmt, vielleicht sind wir biologisch wirklich nicht dazu gemacht – wieso dann eigentlich die ganze Mühe? Ein durchaus interessanter Ansatz ... aber er fühlt sich am Ende doch nicht richtig für mich an. Im Alltag gibt es oft Situationen, in denen ich denke: Das ist jetzt typisch Frau. Oder eben: typisch Mann. Aber dass Frauen per se nicht dafür gemacht sind, Chefinnen zu sein, das glaube ich einfach nicht – und will es auch nicht glauben. Weil ich das Gefühl liebe, dass alles möglich ist. Weil wir heute mit einer Freiheit leben, die uns so vieles erlaubt, egal welches Geschlecht wir haben. Ob das nun Errungenschaften der Frauenbewegung sind oder nicht: Ich will nicht Frau sein, wenn ich dann eine Frau sein muss, der durch die Gesellschaft immer noch ein Platz im Abseits zugewiesen wird.

»Es geht mir gut«

Die zufriedene Ruheständlerin

ANGELIKA KLINGER (61), Leiterin der Qualitätssicherung (im Ruhestand) in einem Versandhaus, Hamburg

Als ich Angelika Klinger in ihrem Zuhause in Hamburg
besuche, ist sie seit gerade drei Tagen Rentnerin.
Vierzig erfolgreiche Berufsjahre in der Modebranche
liegen hinter ihr, jetzt freut sie sich auf die freie Zeit.
Sie ist bestens gelaunt, wir frühstücken zusammen
auf ihrem Balkon Brötchen mit Marmelade und frische
Beeren mit Joghurt. Man kann von hier aus fast auf die
Alster schauen, die Sonne scheint. Sie berichtet von ihrer
bewegten Karriere, von Macht, Handwerk und Ehrgeiz.

ch fand es im Job immer gut, eine Frau zu sein. Ich denke, wir können uns besser in unser Gegenüber, auch in die Mitarbeiter, hineinversetzen als Männer. Wir haben ein besseres Gespür und begreifen viele Dinge schneller. Gleichzeitig sind wir bodenständiger: Männer meinen, dass sie aus ihrer Natur heraus führen und bestimmen können. Frauen schauen sich die Sache genau an und entscheiden dann. Erst wenn sie überzeugt davon sind, dass sie es wirklich verstanden und durchschaut haben. Es gibt diesen Spruch: Believe me now, I tell you later. Den sagt eine Frau nicht.

Mein Geheimrezept in Sachen Karriere heißt: Risiken eingehen! Ausprobieren! Mach eine Sache einmal, und sieh, wie du dich danach fühlst. Es ist meistens so ein tolles Gefühl, wenn du es geschafft und deine »rote Linie« übersprungen hast – wie ein Rausch. Und wenn du diese Erfahrung gemacht hast, tust du es wieder und wieder und wieder und wieder … Man sollte die Freude über die eigene Leistung genießen. Es klappt nicht immer. Aber wenn, dann ist dieses Gefühl da, es gut gemacht zu haben, und das ist einfach genial. Auch als Vorgesetzte konnte ich Dinge ausprobieren. Ich musste natürlich auch den Schneid haben, dazu zu stehen, wenn es mal schiefgeht. Aber auch das schaffen Frauen eher als Männer.

Meine Mutter war gerade mal 18 Jahre alt, als ich geboren wurde. Sie hat zu dieser Zeit eine Friseurlehre absolviert. Als ich elf Jahre alt war, bekam sie noch ein Baby – meinen Bruder. Sie ist ein Jahr mit ihm zu Hause geblieben und dann hat sie losgelegt. Sie sagte: »Wir können es uns netter machen, wenn ich auch wieder selbst Geld verdiene«, hat in einer Schuhfabrik angefangen, dort die Ausbildung zum Schuhfacharbeiter gemacht, dann ein Meisterstudium drangehängt und noch Pädagogik studiert. Sie hat schließlich die Lehrwerkstatt übernommen – und das alles so nebenbei, mit meinem Bruder in der Kinderkrippe und mir in der Schule.

Ich glaube, durch meine Kindheit bin ich sehr geprägt. Bei uns war immer alles knapp. Meine Mutter hat mir Selbstbewusstsein beigebracht. Trotz ihrer strengen Erziehung hat sie mir immer vermittelt: Du bist wer! Und du kannst was! Du schaffst das schon! Das rechne ich ihr hoch an. Ich war nicht immer mit allem einverstanden, was meine Mutter getan hat, wie wohl die meisten von uns, aber ich war stolz auf sie – genau wie auf meine Großmutter, die während des Krieges fünf Kinder großgezogen hat.

Ein Stück weit habe ich mein Selbstbewusstsein also von Haus aus mitbekommen. Und ich habe immer geschaut, wie andere Menschen ihre Themen zum Erfolg führen. Ich habe dadurch vieles gelernt und begriffen, nicht nur fachlich: Wenn Männer sich breitbeinig hingesetzt haben, konnte ich das auch. Ich habe Präsenz gezeigt und gleichzeitig weiblichen Charme spielen lassen.

Mit 16 Jahren bin ich von zu Hause weggegangen, ins Internat. Ich habe dort brav und höchst gelangweilt eine Schneiderlehre hinter mich gebracht. Eigentlich wollte ich Musik studieren, aber das hat meine Mutter nicht erlaubt, weil mein Vater Musiker war. Sie meinte: »So etwas Brotloses gibt es nicht, du lernst etwas Anständiges!« Deshalb musste ich diese blöde und langweilige Schneiderlehre machen, hatte aber das Glück, ein helles Köpfchen zu sein, und konnte Textiltechnik studieren. Danach habe ich in einem Ingenieurbüro als wissenschaftliche Mitarbeiterin angefangen – in der DDR, für 650 Mark brutto. Eigentlich wollte ich noch an der TU Dresden studieren, aber wie das dann so ist: Mädels lernen Jungs kennen und gehen mit ihnen. Ich habe meinen Mann getroffen und bin zu ihm gezogen, in einen kleinen Ort in Thüringen.

Das war ein wirklich hübscher Ort – der beste, den man im Kreis Sömmerda finden kann. Und es war ein Glücksgriff, weil dort ein Textilbetrieb seine Nebenstelle eröffnete. Ich wurde Mitarbeiter Nummer 21 und sollte diese Nebenstelle leiten. Im Ingenieurbüro hatte ich nur mit Diplomingenieuren gearbeitet und jetzt war ich in einer Fabrik, in der Leute aus der Landwirtschaft angelernt oder eingearbeitet werden mussten. Das war damals für mich wie ein Kulturschock. Allein wie miteinander geredet wurde! Es war eine Art »Klartext«, so hatte ich erwachsene Menschen im Berufsleben noch nicht reden hören. Mit diesen eher harten und rüden Umgangsformen konnte ich damals schlichtweg nicht umgehen. Ich bin am Abend nach Hause zu meinem Mann und den Schwiegereltern gekommen und habe ihnen mitgeteilt, dass ich morgen früh nicht wieder hingehen würde.

Die Frauen haben mich, »die arrogante junge Studierte«, dann auch oft auflaufen lassen und verlangt, ich möge ihnen erst mal höchstselbst vorführen, wie denn das Kleidungsstück zu fertigen sei. Erst habe ich geschwitzt und dann heimlich nach Feierabend gelernt, es schneller und besser zu machen. Die Damen haben nicht schlecht gestaunt und ich hatte es ein für alle Mal geschafft. Bravo! Das war eine extrem harte Schule. In der DDR hatten die Arbeiter in der Produktion mehr Rechte als die Ergebnisverantwortlichen. Es war alles andere als einfach, so einen Laden am Laufen zu halten und dabei noch seine Ruhe zu haben vor der Partei. Man musste sich auch gesellschaftlich engagieren. Also wurde ich Schiedsfrau im Dorf, habe Kleinkram geschlichtet. Unglaublich, womit sich die Leute das Leben gegenseitig schwer machen können. Der Ort hatte etwa 1.800 Einwohner und 150 davon haben bei mir gearbeitet. Der Apotheker, der Tierarzt, der Schuldirektor, der LPG-Vorsitzende und ich – das waren die Chefs im Dorf, könnte man sagen.

Es war eine spannende Aufgabe, ich habe damals gelernt, mit jeder Couleur von Mensch zurechtzukommen und trotzdem die Führungsrolle und auch Distanz zu halten. Andere Menschen sind eben anders drauf, und fertig. Das musste ich erst mal lernen. Mit dem neu gewonnenen Verständnis habe ich dann viele tolle Frauen in meinem Betrieb entdecken dürfen, die dem »Boss« zu Hause gezeigt haben: Schätzchen, auf dich bin ich mal gar nicht angewiesen – ich kann es auch alleine! Ich hatte Vertrauen gewonnen und konnte den Mitarbeiterinnen auch etwas zurückgeben und ihnen bei persönlichen Problemen helfen. Es war dann einfach kein VEB mehr für mich, sondern meine Firma mit meinen tollen Mitarbeitern. »Vom Saulus zum Paulus« wäre übertrieben, es war aber ein super Erfolg!

1989 war klar: Irgendwas passiert jetzt. Ich bin ja auch mit leicht schlotternden Knien montags mit nach Leipzig gefahren. Das Ende kam schneller, als wir alle geglaubt oder gehofft hätten. Unser Bürgermeister war ein schlaues Kerlchen und hatte ganz schnell eine Städtepartnerschaft mit einem Ort im Hessischen organisiert. Im November 1989 war ich schon in Paris und saß am Montmartre. Mit Mann und Kindern wollte ich dann weg aus Thüringen, noch mal so richtig was bewegen. Das Ende unserer Firma war schon besiegelt. Mein Mann hat einen Job in Baden-Württemberg bekommen und ist vorausgezogen. Mir hat das dortige Arbeitsamt verkündet, ich sei überqualifziert, ich bräuchte mir keine Illusionen zu machen, eine adäquate Stelle zu finden. Das wollen wir doch mal sehen, hab ich gedacht, zwei Annoncen gelesen, mich darauf beworben und vorgestellt. Das wurde nichts. Am gleichen Tag wollte ich meinen Mann nach Feierabend abholen. Direkt neben seiner Firma gab es ein großes Schaufenster und da stand: »Versandhaus, alles per Katalog.« Ich dachte: Die machen doch sicher was mit Klamotten. Ich bin rein, es war ein Freitag und der Personalchef war noch da. Ich kam wieder heraus mit einem Vertrag für mich und vierzig meiner früheren Beschäftigten. Diese wurden mit dem Bus geholt, wie so viele kurz nach der Wende, und haben dann im Lager gearbeitet. Nur für drei Monate, aber immerhin.

Ich habe meine Karriere im Versandhandel also erst mal als Mitarbeiterin der Qualitätssicherung gestartet. Dazu gehörte, dass ich diese ersten drei Monate richtig leiden musste: Kartons aufschneiden und prüfen, ob die Klamotten in Ordnung sind. Das war schrecklich: Vorher Betriebsleiterin und jetzt solche Arbeiten verrichten, ohne jede Verantwortung. Da hat mich nur mein Glaube oben gehalten, dass ich es auf alle Fälle wieder schaffen würde! Nach den drei Monaten kam dann die Dame aus Hamburg, die mir bereits beim Einstellungsgespräch angekündigt worden war und die DIE Qualitätsabteilung aufbauen sollte. Sie brauchte jemanden, der Ahnung von der Praxis hatte. Dafür war ich ja eingestellt worden und nebenbei hat sie auch gleich erkannt, was ich sonst noch konnte. Sie hatte ein Auge für Mitarbeiter und für Potenzial.

Endlich war sie dann da, »die Neue«, und im Februar hat sie gesagt: »Fahren Sie mal los, die deutschen Lieferanten müssen aufgemischt werden. Erklären Sie denen mal, wie es geht.« Ich hatte in den drei Monaten im Lager gesehen, welche Qualitätsmängel so angeliefert werden und was die Kunden dann kostenintensiv retournieren. Wenn ich bei den Lieferanten in die Fabriken reingekommen bin, habe ich schnell gesehen, wie das Problem zu lösen war. Schließlich hatte ich selbst 15 Jahre mit ähnlichen Themen in der Produktion gekämpft.

Und dann hat mich meine Chefin nach Israel geschickt. Ich sagte nur: »Oh, mein Englisch ist völlig eingerostet.« Aber sie meinte: »Jetzt haben Sie sich mal nicht so.« Ich bekam für vier Wochen einen Privatlehrer und plötzlich saß ich im Flugzeug nach Israel, musste mich immerzu kneifen und habe gedacht: Ich! Eben war ich noch eingesperrt in Ossiland … Das war einer der größten Glücksmomente meiner Karriere. Ich konnte es in dem Moment wirklich nicht fassen, was mir da passierte.

Ich war mir meiner Sache immer sehr sicher. Es ist so: Ich weiß, was ich will, was ich kann und was ich tue. Und wenn ich etwas nicht weiß, dann frage ich nach. Ein eher persönliches Beispiel dazu: Einer meiner Freunde, die ich am längsten kenne, ist Inder und war mein wichtigster Lieferant in Delhi. Er spricht – wie viele seiner Landsleute – ein tolles, sehr gewähltes Englisch. Meines dagegen war miserabel, wenigstens an meinem eigenen Qualitätsanspruch gemessen. Ich habe von ihm viel gelernt, allerdings auch den Dialekt – zum Gespött meiner Kinder. Ich hatte nie ein Problem, nachzufragen und Kritik anzunehmen. Ich habe auch die Erfahrung gemacht, dass das respektiert wird. Und das ist wohl auch etwas, das Frauen leichter fällt als Männern.

So ging es nun immer weiter. Meine Chefin hat den theoretischen Teil des Ladens übernommen und ich den praktischen. Ich habe meine Erfahrungen an neue Mitarbeiter und Einkaufsteams weitergeben können. Ware wurde immer günstiger eingekauft und Kunden waren kritischer. Europäische Lieferanten kannten inzwischen unsere Anforderungen, aber Fernost? Also hieß es: Auf nach Hongkong und China! Und dabei blieben meine Kinder immer schön zu Hause. Und meine Ehe lief auch schon schlecht.

Das war der Preis für den Erfolg: dass meine Tochter beispielsweise ihren zwölften Geburtstag ohne mich verbringen musste. Das verzeiht sie mir bis heute nicht. Dass ich oft nicht da war, dass die Kinder ungesunde Pizza aus der Tiefkühltruhe essen mussten, weil ich nicht zu Hause war, um zu kochen. Gott sei Dank haben wir das gewuppt. Es hätte auch schiefgehen können. Das ist ein Konflikt, den man mit sich als Mutter ausmachen muss. Du sitzt irgendwo am anderen Ende der Welt und heulst, weil du weißt, dass deine Kinder jetzt ohne dich zu Hause sind. Trotzdem tust du es!

In Hongkong wollten sie mich »Klugscheißer« aus Deutschland erst mal nicht haben. Aber sie haben dann schnell erkannt, dass ich nicht nur so eine Art Pest war, sondern ihnen auch helfen konnte, dass es durch meine Arbeit weniger Konflikte und »Claims« geben würde. Und als ich das zweite Mal kam, haben die Kollegen in Hongkong gesagt: »Welcome back!« Das hat mich sehr stolz gemacht. Viele Kollegen und Lieferanten von damals sind jetzt noch Freunde von mir.

Ich war zwar nur Mitarbeiter des kleinsten Konzerngliedes, aber ich habe Qualitätsvorarbeit für die gesamte Gruppe geleistet. Es waren aufregende Zeiten. Ich bin mit Inspektoren in den finstersten Produktionsstätten fast überall in Asien gewesen, war sogar mal versehentlich mit einem Inspektor ewig in einem thailändischen Keller mit Ratten eingesperrt. In den Fabriken habe ich Factory-Manager geschult, die Lieferanten haben dann irgendwann sogar dafür bezahlt, dass ich – und später meine tollen Inspektoren – zu ihnen kam. Ich weiß nicht, wie viele »freischaffende« Mitarbeiter ich in dieser Zeit hatte.

Die Firma bot mir einen Job in Hongkong an, mit kostenfreier International School für die Kinder. Das war 1994. Aber meine Kinder waren vierzehn und sechzehn Jahre alt, gerade einigermaßen in Bad Herrenalb angekommen – und haben gesagt: »Nee, Mami. Wir sind jetzt hier und wollen nicht schon wieder weg.« Also wurde ich Einkäuferin für Kinderbekleidung, um die ständige Abwesenheit von daheim zu beenden. Das war schön. Ich habe ein kleines Team geführt und bin nur noch zu Messen oder europäischen Lieferanten gefahren, nach Amsterdam und Paris, in die Türkei, nach Italien und Griechenland. Aber dieses Kreative war nichts für mich. Ich habe zu sehr auf die praktischen Dinge geschaut: Darf ein Babyshirt hinten einen Knopf haben? Die Lieferanten sagten: »Klar, sieht doch toll aus!« Und ich dachte: »Die liegen aber auf dem Rücken …«

Im Herbst ’94 klingelte dann mein Telefon: »Wie wär’s mit Hamburg, hätten Sie vielleicht Lust, zu uns zu kommen? Ist Qualitätsentwicklung, Problemlösung. Aber wir haben eine offene Stelle für einen Leiter der Qualitätsentwicklung im Bereich der jungen Mode, zwei Spezialkataloge.« Ich fand das prima. Die Kinder fanden es wieder schrecklich. Aber letztendlich haben sie zugestimmt. Wahrscheinlich haben sie gedacht: Hamburg ist besser als Hongkong. Die beiden kennen ja ihre Mutter und wussten genau, ich sitze irgendwie immer auf gepackten Koffern. Sie wussten auch, wie wichtig mir ein spannender Job ist. Und für sie war natürlich auch interessant, dass dieser Sprung uns finanziell mehr ermöglichen würde. Also haben wir die Möbelpacker bestellt – alles unter Bemerkungen unserer Freunde, dass wir es alleine in Hamburg nie schaffen würden: teures Pflaster, mieses Schulsystem, alleinerziehend und auf alle Fälle die latente Drogengefahr für die Kinder. Sehr ermutigend! Aber wann hatten mich Miesmacher jemals abschrecken können?

So langsam konnten wir uns wieder etwas leisten. Auch wenn das Geld nie im Überfluss da war, mein Sohn hat es gut verwaltet. Ich hatte mich von meinem Mann getrennt und war allein mit den Kindern: Auch mit einer ordentlich dotierten Führungsposition kamen wir zwar gut aus, es war aber nie zu viel Geld da. Ich konnte uns finanzieren, aber viel übrig war da nicht.

In der Anfangszeit haben wir dann eisern gespart, sind selten essen gegangen oder so, und die Kinder haben beide neben dem Gymnasium in Bäckereien gejobbt. Wir haben alles Geld, das übrig blieb, gespart und es dann auf den Kopf gehauen – auf einer Reise nach Florida über Weihnachten und Silvester. Dort haben wir auch nicht üppig gelebt und waren hinterher ein Weile in den roten Zahlen, aber das musste sein. Geld ist nicht mein Thema. »Nice to have«, aber das wäre nie eine Motivation für einen Job. Unterbezahlt – nein! Aber der Job muss Spaß bringen und die Firma muss anständig sein. Ich hatte in der Branche längst einen guten Ruf. Mir wurde vertraut, das war für mich ein toller Erfolg.

Als ich in Hamburg angetreten bin, hatte ich 21 diplomierte Bekleidungstechniker und Textilingenieure als Mitarbeiter. Theoretisch hatten die oft mehr drauf als ich, aber in der Praxis war ich unschlagbar. Und sie brauchten dringend eine richtige Führung. Vorher hat da jeder seins gemacht und ein Lieferant schafft doch nie Ordnung in seinen Laden, wenn fünf Leute ihm fünf meist nur marginal verschiedene Vorgaben skizzieren. Das war natürlich auch eine Plattform, um Fehlerursachen bei unseren Mitarbeitern zu suchen. Lieferanten brauchen klare und einheitliche Anforderungen, dann profitieren alle, und Mitarbeiter müssen Vorgesetzte haben, die zu ihnen stehen und ihnen den Rücken stärken.

Es war nicht einfach, am Anfang als Neue an den eingefahrenen Abläufen zu wackeln. Ich habe mir ein Kleidungsstück einmal angesehen und konnte vorbeten, was das Teil für Retouren haben und wie viel oder wenig Profit übrig bleiben würde. Wenn die Einkäufer ein Teil unbedingt in den Katalog haben wollten, wir aber gesehen haben, dass man es nicht mal richtig waschen konnte, dann prallten damit zwei Welten aufeinander. Ich musste also Kollegen, die mir nicht unterstellt waren, davon überzeugen, dass meine Mitarbeiter und ich etwas besser beurteilen konnten. Und dass sie unseren Empfehlungen besser folgen sollten, wenn sie Geld verdienen wollten. Gar nicht selten wurde dann auf Führungsebene über die Aufnahme eines Modells in das Sortiment entschieden. Aber alles ist ein »give and take« und spielt sich ein. Im Laufe der Zeit haben alle gelernt, dass sie nur von gemeinsam entwickelten Modellen profitieren können. Und ich hatte letztlich die Entscheidungsbefugnis, einen Verluste produzierenden Artikel von der Auslieferung zu sperren – nicht mehr verkäuflich! Im Katalogbusiness ist das fatal, wenn der Kunde etwas bestellen möchte und ihm dann gesagt wird, dass der Artikel nicht lieferbar ist. Ich war in einem solchen Fall die Pest für Einkauf und Beschaffung. Trotz aller fachlichen Auseinandersetzung waren wir ein tolles Team, haben uns gut verstanden und am gleichen Strang gezogen: Der Kunde ist König, zahlt unser aller Gehalt und muss glücklich gemacht werden!

Ich bin in der Zeit immer noch viel gereist. Jedes Mal, wenn es kritisch war, hieß es: »Gehen Sie mal hin, schauen Sie, was da passiert.« Mit der Zeit habe ich das allerdings selbst entschieden und Mitarbeiter qualifiziert, die das alleine konnten. Das waren dann zwei Fliegen mit einer Klappe: Ich konnte mich mehr auf strategische Aufgaben und die Qualifizierung von Mitarbeitern konzentrieren und die Mitarbeiter hatten Erfolgserlebnisse und interessante Jobs mit viel Verantwortung – immerhin betreute jeder Mitarbeiter etwa vierhundert Artikel in der Saison, dahinter steckt nicht so ganz wenig Geld. Da waren schon immer mehrere Tausend Euro auf der Schulter und wenn ein guter Artikel eine Million bringen kann und es geht etwas schief – na dann Prost!

Am Ende habe ich ein Team von dreißig Leuten geführt, alles hochqualifizierte Mitarbeiter, Ingenieure. Ich habe nie jemanden eingestellt, der direkt von der Uni kam. Das war vielleicht nicht ganz fair, aber mir war klar, dass Leute mit wenig Erfahrung sicher schnell frustriert gewesen wären. Überfordert von der Verantwortung und den Problemen. Und gegen einen gestandenen Einkäufer, der von seinem Modell überzeugt ist, mehr Erfahrung hat und ergebnisverantwortlich im Team ist? Ich weiß aus Erfahrung, dass man nach dem Studium endlich selbst entscheiden will und meint, es besser zu wissen. Da hilft nur Praxis – selbst erst mal in einer Fabrik arbeiten. Das hilft auch, die Position von Lieferanten zu verstehen und dass sich nicht alle Träume von Qualität realisieren lassen. Und ganz wichtig ist auch, sich der Auswirkung von kleinen Preisen bewusst zu sein: »You get what you pay for!« Wenn das fehlt, macht man diesen Job bald nicht mehr gut, ist nicht mehr motiviert. Und dann hast du als Vorgesetzter alles in den Sand gesetzt, was du in diesen Mitarbeiter investiert hast, sie oder er wird dich verlassen.

Wenn ich Mitarbeiter eingestellt habe, war ich mir dabei immer ganz sicher. In den letzten 15 Jahren kann ich mich nur an eine Fehleinstellung erinnern – von ziemlich vielen. Ich war auch in Assessment-Centern als Beobachterin dabei. Dort konnte ich nicht nur etwas von meinem Wissen abgeben, sondern auch selbst immer eine Menge dazulernen.

Verantwortung und »Macht« zu haben fühlt sich gut an. Ja, das fühlt sich gut an. Dieses Gefühl ist vielleicht nicht immer anständig, aber es ist eine feine Sache. Ich bin nicht nachtragend oder rachsüchtig. Aber wenn es sich jemand mal so richtig mit mir verdorben hat und ich die Möglichkeit und Macht hatte, dann tat es schon gut zu sagen: Ich spiele das jetzt aus. Es gab Situationen, in denen ich das ausgelebt habe. Ich bin nicht stolz darauf. Hinterher habe ich es teilweise auch bereut. Aber trotzdem: Macht fühlt sich gut an.

Eine gute Führungskraft sollte anständig und moralisch-ethisch klar sein – man sollte verinnerlicht haben, dass man im Unternehmen eine Aufgabe hat. Nicht diese Erwartungshaltung: Was tut das Unternehmen für mich? Sondern: Was kann ich für das Unternehmen tun? Das klingt vielleicht altmodisch, aber ich denke, dass das etwas ist, was die Partner – Mitarbeiter, Chefs, Kollegen – auch spüren. Man muss anständig umgehen mit den Dingen, die einem anvertraut werden. Keiner sollte sich zu fein dazu sein, überall mit anzupacken, wenn es nötig ist. Am Ende zahlt sich das aus, nicht unbedingt immer monetär, aber Akzeptanz, Anerkennung, Dank sind doch auch nicht schlecht, oder?

Mir hat an der Führungsposition immer am meisten gefallen, dass ich selbst entscheiden durfte. Wenn mir jemand etwas sagen will, der keine Ahnung hat, dann tut mir das fast körperlich weh. Wenn da Kompetenz ist, dann höre ich ganz genau zu. Ich habe schon in der Schule nicht beim Nachbarn abgeschrieben, wenn ich mir nicht ganz sicher war, dass seine Antwort besser war als meine.

Zwei Jahre vor der Rente habe ich noch einmal ein neues Projekt angefasst. Ein Kollege, der »Wäsche-Chef«, dem hatte ich immer erzählt, dass ich im Ruhestand gern einen kleinen Dessous-Laden eröffnen würde. Und plötzlich kam er auf mich zu: »Wir werden Wäschegeschäfte eröffnen, stationär. Wir bauen etwas ganz Neues auf. Wie wär's?« Ich dachte: Super, das mach ich! Dann habe ich nicht mehr so eine Riesenverantwortung, nicht mehr so eine Ergebnislast, die auf meine Schultern drückt, sondern fange mit einem kleinen feinen Projekt an, bei dem es auf das Geld erst mal nicht so ankommt.

Es wurde ein Wahnsinnsjob. Spaß und Stress immer 1000 Prozent. Ich bin morgens aufgewacht und wusste nicht mehr, wo ich eigentlich bin – in welcher Stadt, in welchem Hotel. Wir haben

Geschäftsräume gesucht. Fünf Läden habe ich in den zwei Jahren eröffnet und das war keine einfache Sache, weil wir keine wirkliche Einzelhandelserfahrung hatten. Ich musste Verkäuferinnen einstellen und Verkaufstrainings machen. Eine Führungskraft muss ein Verkäufer sein. Und jemand, der mit Partnern arbeitet, muss ein Verkäufer sein. Ich bin ein Verkäufer. Ich kann das. Ich kann einem Lieferanten verkaufen, warum er das und das lieber nicht macht, und ich kann meinen Mitarbeitern verkaufen, dass es eigentlich ihre Idee war, was ich da wollte, was sie jetzt gerade Neues machen, und dass ich das nur unterstütze. Das konnte ich meinen Lebtag gut. Und dann habe ich eben auch den Verkäuferinnen ganz gut vermitteln können, was ein Kunde will. Natürlich hatten wir auch professionelle Trainer, da konnte ich auch noch einmal dazulernen.

Ich habe mich mit Dingen befasst, von denen ich vorher nicht geahnt hätte, dass sie mich mal beschäftigen würden: Ämter für Arbeitsgenehmigungen, Stromversorger, Telefondienste, Sicherheitsleute ... Verschiedenste Sachen. Das hat eigentlich gut geklappt. Aber es war auch anstrengend. Ich habe deutlich mehr Zeit investiert, als ich es anfangs geahnt hätte. Zu Beginn war ich besorgt, mich vielleicht zu langweilen. Ganz falsch, das Gegenteil war der Fall. Alles neu, keine Erfahrung oder alte Checklisten zum Kopieren! Ich habe mein gesamtes Berufsleben hindurch immer unheimlich viel gearbeitet. Das war dann noch mal eine Steigerung, zum Glück mit Megaspaß und Freude. Und natürlich: Entscheidungsbefugnis!

Mein Freund hatte weniger Spaß, er zeigt mir heute noch immer mal wieder ein Foto, da waren wir mit meiner Tochter an der Ostsee, die beiden sitzen im Strandkorb, während ich ein Stück abseits am BlackBerry hänge. Es war ein Sonntag und ich hatte Probleme zu lösen. Weil am Montagmorgen um 9:30 Uhr die Kunden vor der Tür stehen würden. Leider ging die Tür nicht auf! Was hilft es also, dass Sonntag ist!

Unsere Geschäfte sind auch nicht winzig, 200 Quadratmeter aufwärts. Können Sie sich vorstellen, was für eine Menge an Ware umgesetzt werden muss, um nur die Miete in den guten Lagen zu verdienen? Ich bereue keine Sekunde, mich dieser Herausforderung gestellt zu haben. Tolle Kollegen, gute Teams in den Geschäften – was will ich mehr? Und heute: Das Label läuft extrem erfolgreich. Die Geschäftsführerin, auch eine Frau, macht das total gut. Alles läuft super und mit vielen Innovationen, von denen wir am Start nur träumen konnten.

Ich bin jeden Morgen, an dem ich erwache, dankbar, so einen tollen Arbeitgeber gefunden zu haben. Hier stehen den Frauen alle Möglichkeiten offen. Die Chancen sind da, zugreifen und »machen« muss nur jede selbst!

Die Frauenquote finde ich absoluten Schwachsinn. Man kann doch eine Frau nicht nur nach oben hieven, weil sie eine Frau ist. Jede muss sich das selbst erarbeiten! Wenn ich mir viele der vorgeblichen »Macher« ansehe, für mich teilweise »Schnöseljungs« – die steckt doch eine Frau locker in die Tasche. Dazu braucht man nur Biss. Sicher kostet es Kraft, sich durchzusetzen, aber daran wächst man auch. Eine gute Frau schafft das alleine. Unsere »Angie« hatte keine Frauenquote, ist nicht mal ein »Hingucker« und ist Kanzlerin. Aber man muss schon Biss haben. Als ich in Hamburg angefangen habe, wurde ich von einem Mann vorgestellt, mit den Worten: »Das ist Frau Klinger, die Chefin von den Mädels mit den Maßbändern.« Da war ich sauer, dachte: Du hast eine Kaufmannslehre, die Mädels mit den Maßbändern sind alle Diplom-Ingenieure. So eine Einstellung habe ich Leuten wie ihm ausgetrieben.

Warum es so wenig Frauen in Führungspositionen gibt? Vielleicht fehlt vielen doch das Selbstbewusstsein und das Vertrauen auf die eigenen Stärken. Und dann noch die Verdrängungstheorie, kennen Sie die? »Kirschen? Esse ich sowieso nicht so gern.« Die Wahrheit ist: Die hängen viel zu hoch, ich habe Angst, dass ich nicht rankomme. Deswegen versuche ich es gar nicht erst.

Es ist mir überaus leichtgefallen, mit 61 meinen Job an den Nagel zu hängen. Ich habe seit Jahren darauf hingearbeitet, höchstens bis sechzig berufstätig zu sein. Das Leben ist zu kurz und die Uhr läuft rückwärts. Eigentlich hatte ich für mein Innerstes ja schon vor diesem Wäscheprojekt aufgehört. Da habe ich eine Riesenparty geschmissen und alle eingeladen, mit denen ich gearbeitet habe und die ich mochte. Wen ich nicht mochte, den habe ich nicht eingeladen. Es war ein rauschendes Fest, an der Alster. Meine Mitarbeiter haben mich per Segelschiff an einem anderen Ableger abgeholt und mit Gesang empfangen – Mann, hab ich geheult vor Freude! Damit habe ich Abschied genommen. Ich war danach immer noch mal in meinem alten Bereich, schließlich war ich ja noch in der Firma tätig. Klar, wurde mir allerlei erzählt, ich wollte mich aber nicht mehr einmischen in die Arbeit meiner Nachfolgerin. Das hätte ich nicht fair gefunden. Ich kenne meine und ihre Stärken oder Schwächen. Ich hatte das Gefühl, dass immer mehr »soft« geführt und entschieden wird, ein reinigendes Gewitter scheint unpopulär zu sein. Es gibt kaum noch eine Streitkultur. Das finde ich persönlich nicht gut. Aber die Zeiten ändern sich, das ist auch okay. Am Ende zählt nur das Ergebnis.

Und ich kann jetzt gemütlich meine Füße hochlegen. Es geht mir gut. Einen Laden eröffne ich nicht mehr. Ich mache nichts mehr, das Leben ist zu schön, so wie es jetzt ist. Ich werde die Zeit genießen. Ich habe zwei tolle Kinder, die mit mir gelitten und gelacht haben – beide haben lange im Ausland studiert und gearbeitet, beide sind erfolgreich im Job. Gelegentlich sprechen sie mich im Spaß mit »Chefin« an. Ich habe zwei Enkelkinder, ich habe mit meinem Freund eine Ferienwohnung an der Ostsee – besser geht es ja wohl nicht. Ich gehöre zu den Menschen, die jeden Morgen aufwachen und dankbar und glücklich sind. Es ist wirklich alles bestens gelaufen für mich.

*

Angelika Klinger hat viel erlebt in ihrem Job und das merkt man ihr an, finde ich. Im ganz positiven Sinne: Sie ist erfüllt mit Erfahrungen und Selbstbewusstsein. Ich denke, das liegt daran, dass sie sich immer wieder beweisen musste und konnte. Sie hat Chancen genutzt und dabei immer wieder mit Hartnäckigkeit, Mut und Durchhaltevermögen überzeugt. Mich beeindruckt ihr Biss, wie sie Dinge anpackt und zu Ende bringt. Dass sie ihrem Können vertraut. Diese Frau wirkt auf mich sehr zufrieden, sehr glücklich. Ich finde, an ihr sieht man, wie gut eine Karriere einer Frau tun kann.

»Ich weiß zu viel«

Die distanzlose Quasselstrippe

JAN SCHNEIDER (32),* Produktdesigner an einer
Hochschule, Hannover, über seine Chefin

Frauen gelten als kommunikativer als Männer – es ist
hier schon mehrmals gesagt worden. Und das gilt im Job
als positive Eigenschaft. Im Privaten sind Ehemänner
vielleicht mal genervt davon, wenn zu viele Antworten
von ihnen erwartet werden. Für mich ist ein gutes aus-
führliches Gespräch mit einer Freundin unersetzlich. Nur
wird es schwierig, wenn sich die Ebenen, Berufliches und
Privates, mischen – und eine Chefin ihrem Mitarbeiter
gegenüber zu gesprächig ist. Jan weiß davon zu berichten.

* Name geändert

ch weiß zu viel über meine Chefin. Ihre Eheprobleme, ihr Kontostand, die Verdauung der Kinder: Ich bin über alles bestens informiert. Um solche Indiskretionen zu erfahren, muss ich nicht mal spionieren. Eva erzählt sie mir von selbst. Den lieben langen Tag plappert sie im Büro drauflos. Sie ist ein sehr offener Mensch, redet wirklich total viel. Und zu gern über sich selbst. Ich habe das Gefühl, dass ich ihr komplettes Leben kenne. Vielleicht weiß ich sogar mehr als ihr Mann? Dabei teilen wir wirklich nur das Büro. Wir sitzen dort ziemlich eng beieinander, ich kriege alles mit, was sie macht und sagt. Sie will aber auch keinen eigenen Arbeitsbereich. Ihr scheint es ganz recht zu sein, dass sie jemanden zum Quatschen hat. Oder besser gesagt: jemanden, der ihr zuhört. Sie hört sich nämlich am liebsten selbst reden. Sie kommt dann immer schnell vom Hundertsten ins Tausendste. Ich muss zugeben: Ich frage oft nach, ich bin ja auch neugierig. Aber es ist wirklich so ein Plappern, das sie da an den Tag legt. Teilweise ist es wirklich nur noch nervige Selbstdarstellung.

Ich bin wissenschaftlicher Mitarbeiter an einem Lehrstuhl für Design. Sie ist die Professorin, für die ich arbeite. Wir sind nur zu zweit, ich bin ihr einziger Mitarbeiter. Fachlich ist sie wirklich sehr gut. Wenn sie nur etwas schweigsamer wäre, das wäre schön. Mir ist es schon unangenehm, was ich alles über sie weiß.

Wir sehen uns zweimal die Woche. Wir haben beide noch einen Beruf nebenbei, führen eigene Büros. Ich habe eins mit einer Freundin in Hannover. Sie leitet eine Firma mit ihrem Mann in München. Dort wohnt sie auch und pendelt immer zwei bis drei Tage pro Woche nach Hannover. Sie ist in ihrer Arbeitsweise sehr strukturiert, kommt immer mittwochs angereist, wir treffen uns in der Hochschule und besprechen kurz, was ansteht. Dann geht es los. Sie nutzt die Zeit, in der sie vor Ort ist, sehr gut aus. Aber es ist alles andere als leicht für sie. Sie ist mehrere Tage pro Woche von ihrer Familie getrennt, die Kinder sind noch klein. Ich denke, die leiden sehr darunter, dass sie ihre Mama so häufig nicht sehen. Das bekomme ich öfter mit, wenn sie mit ihnen telefoniert.

Ich weiß es nicht genau, aber ich denke, ihr Mann steht auch nicht wirklich hinter ihr. Er findet es anscheinend nicht gut, dass sie den Job angenommen hat. Weil er selbst auch gern eine Professur hätte. Er gönnt es ihr nicht. Ich glaube, dass ich das in den Gesprächen raushöre. Sie entschuldigt sich immer für alles Mögliche bei ihm. Und er unterstützt sie offensichtlich nicht konsequent genug: Statt ihr den Rücken frei zu halten und ihr Vertrauen zu schenken, dass er das zu Hause schon alles gut hinkriegt mit den Kindern, erzählt er ihr eher immer, wenn etwas schlecht läuft. Das belastet sie, das hat sie mir auch schon gesagt.

Es war von Anfang an so, dass sie mir gegenüber sehr offen war. Als wir uns kennengelernt haben, war sie am ersten Tag noch sehr distanziert, am zweiten auch, aber am dritten Tag – da ging es los. Sie erzählt immer alles frei von der Leber weg. Ich kriege auch viele Dinge mit, die eigentlich nicht für meine Ohren bestimmt sind. Sie telefoniert mit ihrer Schwester oder ihrem Vater und natürlich mit ihrem Mann und den Kindern. Den Kindern sagt sie Gute Nacht und tröstet sie, wenn die sie vermissen. Mit dem Mann streitet sie sich dann schon mal durch den Hörer. Sie weiß, dass ich zuhöre. Ich kann gar nicht weghören, dafür sitzen wir zu nah beieinander. Das ist ihr bewusst. Vielleicht denkt sie einfach nicht darüber nach, vielleicht hat sie da aber auch wirklich keine Hemmungen.

Sie hat mir sogar schon von ihrem Exfreund erzählt. Es ist wirklich unglaublich: Wenn ich darüber nachdenke, was ich alles über sie weiß, wird mir ganz anders. Das ist mir alles zu viel, damit kann ich gar nicht umgehen. Bei alldem muss ich ja auch noch meinen Job machen. Ich komme fast nicht zum Arbeiten. Und ich weiß nicht, wie ich darauf reagieren soll. Soll ich ihr sagen, dass dieses Gerede auf Dauer nervt?

Es ist auch nicht so, dass wir ein besonderes Vertrauensverhältnis hätten. Eine Bekannte von mir arbeitet auch an der Hochschule und die hat mir erzählt, dass meine Chefin zu ihr genauso ist, wenn sie mal miteinander zu tun haben. Und neulich hat sie in der Mensa vor ein paar Kollegen sehr ausführlich von ihren Geburten erzählt, zum Beispiel. Es ist also egal, wer da sitzt und zuhört. Mir gegenüber berichtet sie die Dinge vielleicht nur etwas ausführlicher, weil sie mehr Zeit mit mir verbringt. Wenn ich aber mal etwas erzählen will, übergeht sie das schnell. Ich habe zum Beispiel nächste Woche Urlaub. Sie wusste seit Monaten davon und wir haben mehrmals darüber gesprochen, als es um Organisatorisches ging. Aber erst heute hat sie mich gefragt, wo ich hinfahre, und da hieß es dann auch nur »Kopenhagen? Ach, schön!« und weiter im Programm.

Sie weiß privat nur ganz wenig von mir und fragt auch nicht groß nach. Es scheint sie nicht zu interessieren. Oder es würde nur sinnlos Zeit vergeuden, wenn ich auch mal was sage. Sie hört sich selbst wohl zu gern reden, als dass ich sie unterbrechen dürfte. Ich erwarte ja gar nicht, dass sie sich groß für mich interessiert, und es ist mir sogar lieber so – ich erzähle im Job nicht so gern Privates –, aber es ist schon komisch, dass sie da so extrem ichbezogen ist. Und weil ich so viele Dinge über sie weiß, fällt es mir auch schwerer, Respekt vor ihr zu haben und sie richtig ernst zu nehmen. Ich habe dadurch nicht das Gefühl, dass ich viel von ihr lernen kann.

Sie ist ganz anders als mein Chef vorher. Der war erstens ein Mann und zweitens sehr dominant. Ein richtiger Exzentriker, der immer im Mittelpunkt stehen wollte. Er war respekteinflößend, aber im negativen Sinn. Mein Chefin dagegen ist eher der bodenständige Kumpeltyp. Ich sehe uns auf Augenhöhe und ich denke, sie würde mir da recht geben. Das ist sehr angenehm. Bei meinem ehemaligen Chef war ich schnell eingeschüchtert. Das tat der Arbeit nicht gut. Mit ihr kann ich mich viel besser abstimmen. Sie ist aber auch Chefin: Sie setzt sich durch und weiß, was sie will. Sie ist sehr ehrgeizig, aber auf eine sympathische Art. Dabei ist sie nicht typisch karrieregeil, nicht verbissen.

Mein Chef früher hat immer alles vorgegeben, bei ihm durfte ich nichts selbst entscheiden. Nun hat sich das völlig gedreht. Meine jetzige Chefin erwartet, dass ich als ihr Mitarbeiter quasi auf demselben Level bin. Sie gibt mir sozusagen die Führung – was ich wirklich nicht gut finde. Das habe ich ihr auch schon gesagt. Ich erwarte von ihr, dass sie stärker ist. Dass ich zu ihr aufschauen kann und Neues erfahre. Gleichzeitig ist es total angenehm, dass wir so ein lockeres Verhältnis haben. Das finde ich grundsätzlich auch besser. Vorher habe ich mich unterworfen gefühlt. Jetzt werde ich in meinen Kompetenzen gestärkt und das ist gut so.

Ich glaube, Eva ist in vielen Situationen unsicher. Sie will alles perfekt und es allen recht machen. Dabei holt sie sich auch oft von mir die Bestätigung ab, ob etwas gut gelaufen ist oder nicht. Sie checkt immer alles gegen, fragt mich häufig: »Habe ich das jetzt so richtig entschieden?« Diese Unsicherheit, ich glaube, die ist ein typisch weibliches Problem. Viele Frauen haben das im Job.

Mein Ex-Chef, der hat immer einfach gemacht, ohne nachzudenken. Der hatte genug Selbstsicherheit. Er hatte nicht immer recht, aber er hat sich gut verkauft. Hinter vorgehaltener Hand fragte er mich vielleicht schon mal, ob das okay war, was er da entschieden oder vor anderen gesagt hat. Aber nach außen hin war er immer ganz cool und hat die große Show abgezogen. Das sind jetzt zwei Extreme. Aber ich würde schon sagen, dass unsichere Männer ihre Unsicherheit nicht zeigen. Was besser ist, kann ich nicht sagen. Unsicherheit ist zwar auf eine gewisse Weise sympathisch. Sie kann jedoch schnell nerven. Und dadurch, dass Frauen ihre Schwächen zeigen, lassen sie vielleicht unnötig viel Respekt flöten gehen. Manchmal fragt meine Chefin mich zehnmal nacheinander: »War das richtig so?« Und dann sage ich einfach nur: »Ja, das war richtig so«, habe innerlich aber längst abgeschaltet.

Manchmal weise ich sie aber auch darauf hin, wie sie sich vielleicht verbessern könnte. Sie antwortet zum Beispiel in Vor-

217

lesungen bei Fragen von Studenten häufig: »Das weiß ich jetzt nicht genau.« Ich habe schon mehrmals zu ihr gesagt, dass ich das nicht machen würde an ihrer Stelle. Meiner Meinung nach könnte sie in solchen Situationen einfach klarer sein. Oder auch schneller. Von einer Chefin erwarte ich eigentlich, dass sie selbstsicherer und bestimmender ist. Sie sollte genaue Aussagen treffen.

Ihr Perfektionismus steht ihr oft im Weg. Ein Beispiel: Vor Kurzem wurden die Räume der Hochschule renoviert. Wir sind gemeinsam da durchgelaufen und sie hat überall Dinge entdeckt, die ihrer Meinung nach auf jeden Fall geändert werden müssten. Das waren Kleinigkeiten, wirklich nichts Wichtiges. In solchen Situationen denke ich mir dann lieber nur meinen Teil und sage nichts dazu. Ich will sie nicht unnötig provozieren.

Denn manchmal kann sie richtig zickig werden. Sie ist dann sehr bestimmt und kurz angebunden, macht flapsige Bemerkungen. Grundsätzlich macht mir das aber nichts aus, es ist sogar ganz angenehm, dass man auf diesem Weg Druck ablassen kann, wenn es einen Konflikt gibt. Und weil sie eine Frau ist, ist es auch viel einfacher, sich mit ihr anzuzicken. Männer können das ja genauso gut – Zicken sein –, nur würden Männer untereinander das nicht so rauslassen. Unter Frauen ist es komplizierter. Ich finde es immer lustig, wenn ich sehe, wie Kolleginnen sich untereinander angiften: Für sie ist Konkurrenz anscheinend auch ein großes Problem. Eine andere Professorin hat zum Beispiel gleich demonstrativ ihr Revier verteidigt, als meine Chefin an die Uni kam. Auch bei zwei Sekretärinnen habe ich erlebt, dass sie untereinander ihre Rivalität ausgetragen haben.

Egal ob Mann oder Frau: Es gibt grundsätzliche Charakterzüge bei beiden Geschlechtern, mit denen man umgehen muss. Es gibt Frauen, die ganz schwierig sind als Chefin. Und auch bei den Männern gibt es schwierige Fälle. Auf gleicher Ebene arbeite ich immer lieber mit einer Frau zusammen. Deshalb habe ich mein eigenes Büro auch mit einer Partnerin gegründet und nicht mit einem Mann. Zwischen ihrem Charakter und meinem herrscht eine gute Ausgewogenheit und dadurch entsteht eine angenehme Harmonie. Wir sind verschieden, ergänzen einander aber sehr gut. Bei meiner Chefin ist das ähnlich: Sie schaut anders auf die Dinge als ich. Das ergänzt sich gut.

Was mir bei beiden Frauen auffällt: Sie sind extrem sorgfältig. Sie hinterfragen alles bis ins Detail. Das schätze ich sehr. Ich bin etwas oberflächlicher. Man könnte es negativ sehen und sagen, Frauen sind zu vorsichtig, trauen sich zu wenig. Aber diese »Übervorsichtigkeit«, die schätze ich auch. Dieses Hinterfragen der Dinge, das kann konstruktiv sein. Natürlich nur bis zu einem gewissen Grad, irgendwann nervt es. Aber wenn man mit einer Frau zusammenarbeitet, kann man sich darauf verlassen, dass alles richtig ist. Alle meine Kolleginnen bisher waren immer sehr korrekt. Es gibt bestimmt auch sorgfältige Männer, aber das ist auf jeden Fall eine Qualität von Frauen.

Eine ganz persönliche Entscheidung für jede Frau im Beruf ist die zwischen Job und Familie. Meine Chefin hat sich nicht für eins von beidem entschieden, sondern will Kinder und Karriere. Sie sagt von sich, dass sie ein Familienmensch ist. Und dann wieder macht sie ihrem Mann und den Kindern gegenüber klar: »Wenn ich weg bin, dann bin ich weg.« Da müssen die alleine zurechtkommen. Was offenbar nicht wirklich gut funktioniert. Ich finde es schwierig, dass sie ihre Kinder alleine lässt. Für sie selbst ist es auch ein Problem. Wenn ich mitkriege, was da manchmal am Telefon abgeht, welche Diskussionen sie da mit ihrem Mann führt oder wie die Kinder weinen. Das geht ihr sehr an die Nieren. Ich denke, sie will zu viel gleichzeitig. Und sie hat es sich sicher leichter vorgestellt. Wahrscheinlich macht sie es auch aus finanziellen Gründen. Sie wird mit diesem Posten die Hauptverdienerin sein. Und mir scheint, dass sie auch in ihrer Familie die Chefin sein muss.

Ich sage nicht, dass sie die Position hätte ablehnen sollen: Eine Professur, das ist eine tolle Chance. Aber dann muss die Familie in der Nähe wohnen, da kann man nicht dieses Pendeln anfangen. So macht sie es auch sich selbst zu schwer. Also muss die Familie entweder doch noch nachziehen. Oder sie muss sich neu orientieren.

Ich wünsche mir mehr Chefinnen. Ich denke, als Mann steht man mit einem männlichen Chef immer in Konkurrenz. Der männliche Chef wird männliche Mitarbeiter immer anders behandeln. Er wird sie eher klein halten. Mein Ex-Chef hat mich zum Beispiel immer geduzt, während ich ihn gesiezt habe. Das war schon eine Frage von Dominanz. Den Wechsel fand ich gut, ich habe mir eine Frau gewünscht. Ich wollte einfach was anderes als den Exzentriker vorher. Sein Machtgehabe und diese Profilierungssucht haben mich gestört, davon hatte ich genug. Aber am Ende zählt natürlich immer: Wer kann es besser?

*

Ich möchte am liebsten gleich in Jans Büro fahren und seiner Chefin sagen, was sie mit ihrer Redseligkeit anrichtet, wie negativ sie deshalb angesehen wird. Doch würde das etwas nützen? Wahrscheinlich würde sie nicht schweigen können, auch wenn sie wüsste, wie das bei ihren Mitarbeitern und Kollegen ankommt. Denn sicher steckt Unsicherheit dahinter – eine Eigenschaft, die Frauen dringend verboten werden müsste, weil sie uns allzu oft im Weg steht. Und weil wir sie vielleicht eher mit Reden »überdecken« wollen als die berühmt berüchtigten Macho-Männer, die auf den ersten Blick vor Selbstbewusstsein nur so strotzen und bei genauerer Betrachtung damit ebenfalls nur ihre Unsicherheit kaschieren. Doch ich überlege: Wie wollen wir sicherer werden, wenn wir uns als Chefinnen erst finden müssen! Männer sind die Rolle des Anführers gewohnt und kennen den Reiz wie auch die Herausforderungen nur zu gut. Doch letztlich ist es auch nur eine Sache der Persönlichkeit, wie gut und sicher man eine Rolle ausfüllt.

»Vertrauen statt Kontrolle«

Die kreative Gestalterin

CHRISTIANE NEVELING (44), Professorin für Didaktik der romanischen Sprachen an der Universität Leipzig, Leipzig

Ich fahre nach Leipzig, also an den Ort, wo ich studiert habe. Ich war eine längere Zeit nicht da und es hat sich schon wieder viel verändert. Die Seminarräume, in denen ich saß, gibt es nicht mehr, die Uni wird fast komplett neu gebaut. Christiane Neveling lebt nach verschiedenen Stationen in Niedersachsen und Berlin erst seit vier Jahren in der Stadt. Sie erzählt ganz begeistert davon, wie wohl sie sich hier fühlt. Wir sitzen bei einer Tasse Tee in ihrer Wohnung mit Blick auf den Clara-Zetkin-Park und sie erzählt von ihrem langen Weg zur Professur, den wirren Anfängen hier in Leipzig und ihrer Einstellung zur Frauenquote.

Als ich den Ruf erhielt, war ich eigentlich akademisch noch nicht weit genug für eine Professur, habe noch an der Habilitation gearbeitet und hatte außerdem zwei kleine Kinder: Anna war fast zwei Jahre alt und Florian war gerade erst geboren. Aber einen ersten Ruf kann man nicht ablehnen und so bin ich mehr oder weniger ins kalte Wasser gesprungen.

Zum Glück haben mir Leipzig und die Universität auf Anhieb gefallen. Zwar war mir der Abschied aus meiner Wahlheimat Berlin sehr schwergefallen, aber ich habe die Freundlichkeit und Hilfsbereitschaft in Sachsen schnell schätzen gelernt. Kurz vor mir wurden an der Philologischen Fakultät drei andere Didaktik-Professuren besetzt: in den slawischen Sprachen, in Englisch und Deutsch als Fremd- und Zweitsprache. Die – übrigens weiblichen wie männlichen – Kollegen haben mir am Anfang wertvolle Hinweise gegeben und die Zusammenarbeit ist offen, engagiert und sachorientiert, was sehr zur effektiven Arbeit beiträgt. Die Didaktik ist eine noch recht junge Wissenschaft. Aber spätestens seit PISA hat man verstanden, dass das Nachdenken über guten Unterricht ein wichtiger Teil der Bildung ist. Im Studium wird der Didaktik deshalb mittlerweile auch endlich mehr Raum gegeben.

Die Kollegen und Kolleginnen am Institut und in der Verwaltung haben mich mit Informationen versorgt und mir den Einstieg erleichtert. Ich hatte die herausfordernde Aufgabe, die Professur komplett neu aufzubauen, denn sie war seit der Wende vakant gewesen und immer nur wechselnd vertreten worden. Bei meinem Dienstantritt gab es in meinem Raum noch kein Regal, keinen Computer und es gab kein Lehrkonzept für die Veranstaltungen. Meine erste Hilfskraft hat mit mir zwischen den Umzugskisten gearbeitet. Aber: So konnte ich auch alles selbst gestalten und musste keine Fußstapfen ausfüllen.

Wie motiviert man Mitarbeiter und Mitarbeiterinnen und wo muss man Grenzen setzen? Dass das jetzt zu meinen Aufgaben gehörte, damit hatte ich mich vorab gar nicht so stark beschäftigt.

Hätte ich mehr Zeit gehabt, hätte ich ein Seminar zur Mitarbeiterführung belegt. So musste ich den Spagat zwischen Führung, Motivation und Kontrolle schrittweise alleine lernen. Ich habe mehrere Hilfskräfte, eine Sekretärin mit ein paar Stunden und eine halbe Mitarbeiterstelle, die wegen Elternzeiten mittlerweile von mehreren Personen besetzt wurde. Grundsätzlich denke ich, dass Motivation, Vertrauen und die Aufteilung einzelner Verantwortungsbereiche, also eine eher flache Hierarchie, zu besserer Arbeit führen als starke Kontrolle. Ich versuche, Arbeitsaufträge mit Hintergrundinformationen zu versehen und, wenn möglich, eigene Entscheidungsmöglichkeiten einzuräumen – das entlastet mich schließlich auch. Aber da ich die Verantwortung für die Professur trage, muss ich bestimmte Dinge selbst und mitunter schnell entscheiden, manchmal auch entgegen den Vorstellungen der Mitarbeiter.

Grundsätzlich halte ich sie an, ihre Arbeit selbst zu kontrollieren, bei wichtigen Dingen tue ich das allerdings lieber selbst: Das hat mich vor mehr als einem größeren Fehler bewahrt. Eine flache Hierarchie kann außerdem auch falsch verstanden werden und die Mitarbeiter dazu verleiten, Entscheidungen außerhalb ihrer Kompetenzbereiche zu treffen. Wenn ich zum Beispiel Dienstreisen unterschreiben soll, von denen ich in diesem Moment zum ersten Mal höre, oder feststelle, dass die Absprachen zu Lehrveranstaltungen nicht eingehalten wurden, versuche ich, die Kompetenzverteilung möglichst sachlich in Erinnerung zu rufen

Meine Familie ist mit mir nach Leipzig gezogen. Mein Mann ist Architekt, er hat seine Anstellung in einem renommierten Berliner Büro gekündigt und mit meinem beruflichen Wechsel die Chance ergriffen, sich selbstständig zu machen. Mit meinem Gehalt kann ich meine Familie ernähren und ihm helfen, dieses neue Ziel zu verfolgen. Wir haben uns für die alltägliche Kinderbetreuung eine Hilfe gesucht, die die Kinder zweimal pro Woche abholt und bis zum Abend betreut. Mein Mann und ich teilen uns die Verantwortung in der Familie und für unsere Berufe: Er nimmt beides in gleichem Umfang wahr wie ich. Obwohl er in der Gründungsphase seines Büros weniger verdiente, stand es für uns nie zur Debatte, dass er deshalb auf seinen Beruf verzichtet und die Kinderbetreuung übernimmt. Das ist ja ein Argument, was man in der umgekehrten Rollenverteilung oft hört, aber ich denke, dass es gerade bei Menschen, die vor der Familiengründung interessante Jobs hatten, absolut wichtig für das eigene Wohlbefinden ist, die intellektuelle Herausforderung nicht zu opfern, die Kreativität auszuleben und übrigens auch ungeliebte Pflichten zu erfüllen. Einen Beruf auszuüben ist sehr wertvoll. Und wenn wir unsere Kinder heute zu unabhängigen, eigenverantwortlichen Menschen erziehen wollen, ist es doch wesentlich überzeugender, wenn wir ihnen genau das vorleben. Ich bin in einem Elternhaus aufgewachsen, in dem ein traditionelles Rollenverhältnis gelebt wurde und in dem die Kindererziehung meiner Mutter zufiel. Sie hat vier studierte Töchter, mein Vater fünf, drei davon sind promoviert. Für uns alle war die Erziehung zur Unabhängigkeit später sicher eine starke Triebfeder.

In Leipzig gelandet zu sein ist diesbezüglich ein großes Glück, denn die nachwirkende DDR-Sozialisation wirkt sich fortschrittlich aus: Viele meiner Studentinnen werden im Studium schwanger und studieren danach selbstverständlich weiter und es ist normal, dass Frauen und Männer arbeiten und dass Kinder früh in Kitas und Grundschulkinder in den Hort gehen. Ich denke, das kommt nicht nur den Eltern zugute: Was Kitas Kindern bieten, können Eltern nicht leisten. Eine Freundin aus Hamburg erzählte mir, dass sie ihre Tochter nach der Schule in den dortigen Hort geben wollte – sie musste die Anmeldung zurücknehmen, denn das Mädchen wäre dort das einzige Kind gewesen!

Die Diskussion um die Frauenquote finde ich überfällig: Natürlich brauchen wir diese Quote in Deutschland! Denn es gibt ja längst eine Quote: die Männerquote. Man kann es männlichen

Führungskräften auch schwer verübeln, wenn sie primär Männer einstellen, denn erstens umgibt sich jeder Mensch gerne mit Personen, die ähnlich gesinnt sind, und zweitens müssen sie als Chefs für optimalen Arbeitseinsatz sorgen: Da nimmt man verständlicherweise lieber jemanden, der nicht um Viertel vor fünf in die Kita rennen muss. Und solange Frauen ihren Männern die Verantwortung für ihre Kinder abnehmen, statt selbst in die Chefetagen aufzurücken, werden die diese Situation auch nicht von selbst ändern. Erst wenn mehr Männer ihrer Pflicht nachkommen und die Kinderbetreuung fair geteilt wird, wird sich bei ihnen auch ein anderes Bewusstsein einstellen und ein genereller Wandel stattfinden können. Dafür müssen aber auch mehr Frauen genug Antrieb zeigen und höhere Posten anstreben.

In diesem Punkt verstehe ich viele Frauen auch nicht. Sie sind so schüchtern, so vorsichtig und sie begreifen sich zu häufig als Opfer. Warum? Sicherlich haben gesellschaftliche Verhältnisse Einfluss auf weibliche Lebenswege, aber wir haben heute doch auch die Wahl und treffen eigene Entscheidungen. Ich habe Bekannte erlebt, die nach dem dreißigsten Geburtstag sozusagen »umgefallen« sind. Sie hatten studiert, Pläne geschmiedet und dann: Mann und Kind und ... Spieleabende! Vielleicht würde die Quote daran etwas ändern, denn Quote heißt für mich: Frauen bekommen eine Chance – und eine Verpflichtung. Die Quote ist also kein Geschenk an sie.

In den Sprach- und Literaturwissenschaften ist das Ungleichgewicht zwischen Männern und Frauen auf Professorenebene in der Vergangenheit deutlich zurückgegangen. Weit mehr Studentinnen als Studenten studieren seit jeher Romanistik und mittlerweile ist auch die Professorenschaft weiblicher als früher. Ich selbst wurde in den verschiedenen Phasen meiner Ausbildung von Männern wie Frauen gleichermaßen bestärkt und gefördert: Mein Französisch-Ausbilder im Referendariat zeigte mir meine Stärken auf und war auch persönlich vorbildhaft und wegweisend, mein

Schulleiter und Schulrat beurlaubten mich für die Habilitation, mein Doktorvater führte mich einfühlsam durch Höhen und Tiefen dieser langen Arbeit, meine letzte Chefin lebte mir die wissenschaftliche Karriere mit Familie vor und ebnete mir den Weg zur Professur. Und mein Mann steckte mich mit seinem Ehrgeiz immer im richtigen Maß an.

Fremdsprachen haben mich schon immer begeistert. Meine Mutter hatte Englisch und Spanisch studiert und uns, seit ich denken kann, von ihren frühen Reisen nach Madrid und London vorgeschwärmt. In der Schule habe ich alle Sprachen gewählt, die angeboten wurden, und mich auf einer Austauschfahrt so für meine französischen Freunde begeistert, dass ich danach in den Ferien immer wieder nach Frankreich fuhr. Zu Beginn meines Studiums hatte ich schon ein Schuljahr in Paris und ein Au-pair-Jahr in Madrid verbracht. Und trotzdem war es meinen Eltern überraschenderweise gelungen, mich zum Jurastudium zu überreden, wenn auch nur zum Teil: Ich hatte in einem Magisterstudiengang Romanistik mit Ethnologie und Jura kombiniert. Das Kontrastprogramm war kaum zu übertreffen: Die Jurastudenten fand ich überheblich, die Jurastudentinnen zu angepasst, die Ethnologiestudierenden zu abgerückt. Nach einem Semester war ich dann vollständig in der Romanistik angekommen und schrieb mich für das Lehramt ein. Und nach vielen interessanten Semestern mit zahlreichen Aufenthalten in Frankreich, Spanien und Lateinamerika hatte ich das erste Staatsexamen und zwei Jahre später das zweite absolviert.

Dass mir das Unterrichten gefiel, habe ich in Spanien als Fremdsprachenassistentin entdeckt. Ich habe es von Anfang an als Erfüllung empfunden, junge Menschen an meinem Interesse an fremden Sprachen und Kulturen teilhaben zu lassen. Am Unterrichten finde ich spannend, dass man sich in die Schüler und Schülerinnen hineinversetzen muss, und zwar in möglichst viele gleichzeitig. Vielleicht ist Empathie eine eher weibliche Eigenschaft, ich finde sie auf jeden Fall sehr wertvoll und übrigens auch praktisch: Man kann besser kommunizieren, wenn man ein Gespür dafür aufbringt, in welcher Situation andere sind und welche Gefühle damit verbunden sind. Heute fehlt mir dieser Kontakt manchmal, vor allem bei den Schulpraktika meiner Studierenden: Wenn ich hinten drinsitze, würde ich gern selbst mal wieder unterrichten. Die Arbeit mit Studierenden ist anders, weil sie natürlich schon weiter entwickelte Persönlichkeiten sind, aber man kann auch Studierende zu besonderen Leistungen anspornen und sie in die eine oder andere Richtung lenken. Vor allem sind die meisten Studierenden interessiert, intelligent und fleißig. Ich empfinde es als Privileg, mit solchen Menschen zu arbeiten.

Als ich gerade Professorin geworden und voller Erwartung und Ängste wegen der doppelt großen Verantwortung und der damit verbundenen zeitlichen Belastung war, ermutigte mich eine Kollegin: Ohne ihre drei Kinder wäre sie nicht Professorin geworden, die Kinder hätten ihr sehr dabei geholfen. Das konnte ich mir zuerst gar nicht vorstellen, aber ich erlebe es in der Tat genauso: Zwar dauert alles länger als früher, weil die effektive Arbeitszeit natürlich kürzer ausfällt, aber ich nehme die Verantwortung für Beruf und Familie nicht als doppelt, sondern gewissermaßen als geteilt wahr. Anspruchsvolle Aufgaben und hohe Anforderungen lassen uns offensichtlich wachsen.

*

Nach diesem Gespräch hat mich besonders beschäftigt, wie Christiane Neveling in der Beziehung mit ihrem Mann den Konflikt zwischen Familie und Beruf betrachtet: Sie gesteht ihm genauso wie sich selbst das Recht zu, sich im Job selbst zu verwirklichen. Dass sie sich auch bewusst macht, was es für ihn bedeutet, wenn er bei seiner Arbeit der Kinder wegen eventuell kürzertreten muss, finde ich gut. Denn oft läuft die Diskussion um Männer, Frauen, Job und Familie auf ein Entweder-oder hinaus und am Ende ist immer irgendjemand unzufrieden. Die wirklich beste Lösung ist jedoch ein konsequentes Miteinander. Das scheint dieses Paar zu leben.

»Sie bekennt Farbe«

Die humorvolle Visionärin

FRIEDERIKE SCHLEICH (31),* wissenschaftliche
Mitarbeiterin an einem Forschungsinstitut, Freyburg,
über ihre Chefin

Ich habe Anna, Friederikes Chefin, vor einiger Zeit auf
einem Workshop kennengelernt. Sie ist eine Frau, die man
sofort sympathisch findet: eloquent, bodenständig und
witzig. Ihr Team besteht vor allem aus jungen Leuten –
Berufsanfängern, die sie meinem Eindruck nach mit
Begeisterung anleitet. Ich will hören, wie Friederike
das sieht.

* Name geändert

Annas Lebenslauf ist sehr spannend, sie hat beruflich schon viel erlebt. Und sie ist eine wirklich beeindruckende Persönlichkeit: kreativ, sehr humorvoll und charismatisch. Sie kann sehr gut gesellschaftliche Strömungen in der Politik und Wirtschaft aufnehmen und verstehen. Sie hat ein gutes Gespür dafür, was wichtig wird. Und sie entwickelt rasch Ideen dazu, wie man dies für unsere Arbeit nutzen und umsetzen kann. Ihre Ideen sind gut, oft auch sehr innovativ – vor allem, was inhaltliche Verknüpfungen und methodische Herangehensweisen angeht.

Anna ist nie aus der Ruhe zu bringen. Man wirft Frauen ja oft vor, dass sie auch im Beruf sehr emotional sind und schnell überreagieren. Aber sie kann mit Situationen jeder Art souverän und professionell umgehen. Dabei ist sie in ihrem Auftreten immer sehr klar und bestimmt. Sie weiß, was sie will. Wenn es drauf ankommt, setzt sie sich unmissverständlich durch. Das heißt nicht, dass sie uns Mitarbeitern gegenüber streng ist. Ich würde eher sagen, es ist ein schnörkelloses Auftreten.

Anna denkt überhaupt nicht hierarchisch. Wenn ein Vorschlag im Raum steht, ist völlig egal, von wem er kommt – ob vom Vorstand oder einer studentischen Mitarbeiterin. Sie nimmt die Vorschläge von jedem gleich ernst und macht keinerlei Unterschiede. Das finde ich sehr gut. Ich glaube, dass meine Chefin ein feines Gespür dafür hat, was ihren Mitarbeitern wichtig ist. Ich denke, das ist eine eher weibliche Eigenschaft.

Frauen führen anders als Männer. Sie achten mehr auf das Team. Und zwar nicht nur auf die Leute, die eine bestimmte Arbeit erledigen. Sie haben vielmehr ein echtes, aufrichtiges Interesse an den Menschen, die für sie arbeiten. Und das tut vielen Teams gut. Anna hat ihr Team sehr bewusst zusammengesetzt. Nicht nur, was das Fachliche betrifft – das steht natürlich an erster Stelle. Sie hat bei der Zusammensetzung auch auf die Auswahl bestimmter unterschiedlicher Typen und Charaktere geachtet. Das ist Frauen sicher wichtiger als Männern.

Ich finde, in der ganzen Diskussion um mehr Frauen in Führungspositionen muss man aber den Ängsten der Männer mehr Beachtung schenken. Man darf ihre Befürchtungen nicht ignorieren – weil sie berechtigt sind. Bei einer Frauenquote von 30, vielleicht 40 Prozent in einem Unternehmen sinkt einfach ganz realistisch die Chance, dass man als Mann in dieser Firma befördert wird. Dass Männer sich darum sorgen, ist also ganz selbstverständlich.

Man sollte ihnen ihre Ängste nehmen und nicht nur sagen: »Sorry, Jungs, schlechtes Timing: Ihr seid jetzt leider die Generation, die darunter leiden muss!« Denn das ist nicht fair, der Einzelne hat schließlich nur eine Chance, nur ein Leben, um Karriere zu machen. Man sollte den Männern besser vermitteln, dass mehr Frauen in den Unternehmen kein Drama bedeuten. Und man sollte es insgesamt nicht nur als Frauensache verpacken, sondern die Männer stärker mit ins Boot holen. Indem man ihnen klarmacht: »Vielfalt ist gut, auch für euch!« Man kann sie motivieren, konstruktiv damit umzugehen, indem man zum Beispiel in Bezug auf das Thema »Familie« sagt: »Begreift das als Chance! Nehmt auch einen Teil der Elternzeit und findet heraus, was Familie für euch bedeutet!«

Ich bin nicht völlig überzeugt »pro Quote«, aber wenn ich mich entscheiden müsste, ob es reguliert werden sollte, dass mehr Frauen in Führungspositionen kommen, dann würde ich mich eher dafür entscheiden. Denn die freiwillige Selbstverpflichtung haben die Unternehmen ja bisher nicht ernst genommen. Für den Übergang würde es die Bewegung beschleunigen, wenn es klare Regeln gäbe. Aber ich bin skeptisch, was die Diskussion um eine Frauenquote nur für Aufsichtsräte und Vorstände angeht. Wenn, dann muss es die Quote auf allen Ebenen geben. Es nützt doch nichts, wenn das Topmanagement weiblich ist, dann ändert sich nicht automatisch etwas auf den unteren Ebenen. Ins mittlere Management muss man auch erst mal genug Frauen lassen.

Ich finde, man merkt Anna an, dass sie lange nur mit Männern zusammengearbeitet hat. Männer betrachten die Dinge nüchterner und beziehen nicht alles auf sich selbst. Diese Fähigkeit hat sie auch. Und ich denke, dieses Verhalten bringt einen im Beruf weiter. Frauen sollten sich nicht den Männern anpassen, um Karriere zu machen. Anna hat auch ein richtig gutes Netzwerk. Sie kennt unheimlich viele Leute an Hochschulen, in Unternehmen und Ministerien. Und sie versteht es hervorragend, sowohl neue Kontakte zu knüpfen, als auch, sie strategisch zu nutzen. Frauen denken ja oft, dass man Kontakte nicht nutzen darf. Anna weiß es besser und schöpft solche Ressourcen aus.

Es ist nur ein Detail, aber was ich an Anna auch toll finde, ist zum Beispiel, dass sie immer farbige Kleidung trägt. Sie bekennt Farbe, könnte man sagen. Dabei sind es immer ganz seriöse Sachen, die sie trägt, aber sie sind trotzdem nicht grau, schwarz oder braun wie die meisten meiner Outfits. Sie weiß, dass sie damit auffällt. Aber es ist ein angenehmes Auffallen. Sie spielt damit, es macht ihr Spaß und das ist sehr sympathisch.

Anna hat ständig gute Einfälle und gibt Impulse für neue Projekte. Und die setzen wir im Team auch um. Durch sie habe ich in diesem Job gelernt, Ideen auszusprechen und auch anzupacken. Das klingt banal, aber das ist eine sehr wichtige Sache. Sie hat mir auch gezeigt, wie man im Team zu zweit oder mit mehreren Leuten denkt. Nicht nur Brainstorming, sondern dass man Dinge gemeinsam erarbeitet. Dass man sich wirklich zusammen hinsetzt und das zusammen voranbringt. Das ist anstrengend, aber auch sehr produktiv. Außerdem habe ich von ihr Professionalität gelernt – in allen Bereichen, aber vor allem, wie man gegenüber Kunden und Partnern überzeugend auftritt.

Mit der Zeit ist unser Team stark gewachsen. Ich denke aber nicht, dass es Anna persönlich wichtig ist, dass sie in ihrem Job Mitarbeiter führt. Ihr ist eine Fachkarriere wichtiger als eine Führungskarriere. Sie findet Personalverantwortung sicherlich spannend. Aber ich denke, es steht für sie nicht im Vordergrund. Sie muss bei uns auch nicht sehr eng führen, wir arbeiten alle sehr eigenverantwortlich.

Sie lässt uns ganz bewusst viel Selbstständigkeit. Als Mitarbeiterin habe ich mir da in der Vergangenheit manchmal etwas stärkere Kontrolle von ihr gewünscht. Ich habe zum Beispiel mal ein Thema vorgeschlagen und sie hat nur gesagt: »Gute Idee, kümmer dich drum!« Damit war ich im ersten Moment überfordert. Als ich hier angefangen habe, hatte ich schon Berufserfahrung. Aber solches Arbeiten war ich einfach nicht gewohnt. Gleichzeitig ist es natürlich spannend. Es ist auch viel besser, als bei jedem Schritt kontrolliert zu werden. Aber man muss mit der Freiheit umgehen können, die Anna einem da gewährt. Und Hilfe einfordern, wenn man sie braucht: Wenn man nicht sicher ist, ob eine Sache in die richtige Richtung geht, muss man sie darauf ansprechen. Inzwischen weiß ich das und kann sehr gut damit umgehen. Ich denke, dass Anna ganz bewusst diese Strategie fährt. Ich glaube, damit holt sie letztlich auch das Beste aus uns heraus. Wenn dabei mal Fehler passieren: Die dürfen passieren, weil man daraus lernt.

An manchen Stellen fehlt Anna das sozialwissenschaftliche Handwerk. Da kann sie jedoch auf die Kompetenz der Mitarbeiter zurückgreifen und tut das auch. Sie hat keine Probleme damit, Dinge abzugeben. Ich denke, das muss eine Chefin können. Es zeugt schließlich auch von Vertrauen in ihr Team. Es ist ihr wichtig, uns zu fördern: Ich sehe immer wieder, wie schnell und gut sich neue Kollegen entwickeln. Ich selbst bin gut zwei Jahre dabei. Ich glaube, dass ich mich nur ihretwegen so schnell weiterentwickeln konnte. Weil sie mich ausprobieren lassen hat, mich überall hingeschickt hat. Mit einem anderen Chef oder einer anderen Chefin wäre ich sicher nicht so weit, wie ich es jetzt bin.

Ich würde gern bald selbst Führungsverantwortung übernehmen. Ja, ich wäre gern Chefin. Hier habe ich zum Beispiel schon

Verantwortung für die studentischen Hilfskräfte übernommen. Das macht mir Spaß. Nach meiner Dissertation würde ich gern ein kleines Team führen. Ich finde es spannend, Leute zu begleiten und mitzuerleben, wie sie sich entwickeln. Ich arbeite auch grundsätzlich gern im Team, egal, ob ich die Gruppe anleite oder selbst Teammitglied bin.

Ich finde nicht, dass Frauen unbedingt besser führen als Männer. Aber ich denke, dass sie zum Beispiel in einem bestimmten Kontext – nämlich immer, wenn Leute in Teams zusammenarbeiten – sehr gut moderieren und vermitteln können. Es ist auf jeden Fall angenehmer, wenn mehr Frauen in der Berufswelt aktiv sind. Frauen sind toleranter. Und sie sind besser im Multitasking. Das ist ja ein Klassiker, aber ich bin überzeugt, dass es wirklich stimmt und zwar auf mehreren Ebenen. Sie schaffen es auch, verschiedene Themen und Ideen gedanklich zusammenzuführen, gerade wenn sie an mehreren Projekten arbeiten.

Es gibt ja vielfältige Gründe dafür, dass bisher wenige Frauen Führungspositionen einnehmen. Auf den unteren Ebenen gibt es immer noch viele Frauen, aber je höher man schaut, desto männlicher wird dieses Bild. Frauen müssen nach wie vor sehr viel leisten, um im Beruf aufzusteigen und Erfolg zu haben. Persönlich finde ich das ungerecht. Mehr Chefinnen – das würde auf jeden Fall bedeuten, dass mehr Verständnis für andere Lebenswege in die Berufswelt einziehen würde. Gleichzeitig sollte man nicht aus reinem Gutmenschentum Frauen befördern. Aber ich denke, das ist auch nicht die Energie, die hinter der aktuellen Bewegung steht.

Ich finde es wichtig, dass Frauen sich beruflich selbst verwirklichen können. Bei den Frauen, die zum Beispiel der Familie wegen aus dem Beruf ausscheiden, ist es doch schade, dass so viele Ressourcen liegen bleiben: Da gehen Potenziale verloren. Aber es wird gesellschaftlich auch sehr viel von uns erwartet, wir müssen sehr viele Rollen gleichzeitig erfüllen.

Trotzdem: Ich denke, Frauen machen im Beruf nach wie vor auch einige Dinge falsch. Es fällt ihnen zum Beispiel viel schwerer, für sich selbst Werbung zu machen, Eigenmarketing zu betreiben. Frauen sagen selten: »Das hier habe ich gemacht«, wenn es darum geht, was sie geschafft haben. Sie verkaufen Erfolge meist als Teamarbeit. Was sehr gut ist – wenn es wirklich um die Ergebnisse von Teamarbeit geht. Viele Männer geben ja auch gern Dinge, die sie mit anderen erarbeitet haben, als ihr eigenes Werk aus. Auf sich aufmerksam machen können sie in der Regel sehr gut.

Frauen haben auch weniger oft den Blick für das eigene Fortkommen. »Ich will das und das erreichen« – solche Ziele stecken sie sich selten. Frauen schauen eher nach links und rechts als nach vorn. Ihnen ist wichtig, dass es allen um sie herum gut geht. Sie sind nicht besonders fokussiert. Aber man braucht ein möglichst genaues Bild von seinen Zielen, um sie zu erreichen. Gleichzeitig ist ihr ganzheitliches Bild der Dinge auch eine gute Eigenschaft. Es kann eben auch helfen, nicht nur stur geradeaus zu laufen.

*

Es heißt oft, dass Frauen klammern und nicht loslassen können. Ich habe es in den Gesprächen mehrmals anders gehört: dass Chefinnen ihren Mitarbeitern Vertrauen schenken und sie viel selbstständig arbeiten lassen. Den Mitarbeitern gefällt das, sie wissen es zu schätzen. Weil sie sich dadurch weiterentwickeln können und sich ernst genommen fühlen – was sie stark motiviert. Ich könnte mir vorstellen, dass Männer vielleicht eher ungern Verantwortung abgeben, weil sie sich dann in ihrer Macht beschnitten fühlen. Ich finde Friederikes Gedanken spannend, dass die Männer einbezogen werden müssen in die gesellschaftliche Entwicklung und dass man ihre Ängste ernst nehmen muss. Mit der ganzen weiblichen Kommunikationsfähigkeit und Empathie und Fachlichkeit darf man sie nicht einfach überrennen, sondern sollte sie mitnehmen – da soll kein neuer Kampf angezettelt werden. Es gilt als Tatsache, dass gemischte Teams wirtschaftlich erfolgreicher sind. Das ist vielleicht der beste Weg: Nicht nur Männer, nicht nur Frauen, nicht nur Jung oder nur Alt sollen das Ruder übernehmen – sondern alle.

»Frauen können ziemlich gute Chefs sein ...«

Nachwort

... oft sind sie den Männern dabei sogar einen Schritt voraus. In den 24 Kapiteln in diesem Buch habe ich davon erzählt: von der Empathie, dem Engagement und dem Mut, den Frauen im Job beweisen. Dass sie die Dinge auf die Reihe kriegen und bereit sind, hart zu arbeiten. Von ihrem Organisationstalent und der Fähigkeit, vieles gleichzeitig und dabei gleich gut zu erledigen. Das klingt so gar nicht nach dem »schwachen Geschlecht«. Dabei erlauben sie sich und anderen trotzdem vermeintlich schwache Momente: Sie sind in der Lage, dem Menschlichen in der Arbeitswelt Raum zu geben und dabei trotzdem Professionalität zu wahren. Das gelingt nicht immer und überall – aber wenn, dann motiviert es die Mitarbeiter und sorgt für eine höhere Leistung.

Ich habe in den vergangenen Monaten viele tolle interessante Menschen getroffen. Mich hat besonders beeindruckt, was gute Chefinnen bei ihren Mitarbeitern bewirken können. Mir wurde aber vor allem noch stärker bewusst, was die Verantwortung bedeutet, die man als Führungskraft hat. Durch die Arbeit an diesem Buch hat sich auch mein Blick auf die Arbeitswelt verändert. Ich habe vorher mehr in Teams und Abteilungen, in den Kategorien »Chef« und »der Rest«, gedacht. Jetzt sehe ich einzelne Menschen und Charaktere. Ich habe viel darüber nachgedacht, wie stark jeder Einzelne das Gefüge einer Firma mitbestimmt. Und wie sehr eine Führungspersönlichkeit die Stimmung dort beeinflussen kann. Wie sie im besten Falle so gut motiviert, dass die Leistung der Mitarbeiter weitaus höher ist. Und wie sie im schlechtesten Fall dafür sorgt, dass ihre Mitarbeiter auf Dauer frustriert sind. Auch das bedeutet Verantwortung.

In meinem kleinen Ein-Frau-Unternehmen »freie Journalistin« bin ich in letzter Konsequenz nur für mich allein verantwortlich. Ich bestimme weitgehend selbst, wann ich arbeite und wie viel und wo. Und finde die Chefin dieser Mini-Firma ziemlich in Ordnung. Ich hätte jetzt Lust auf ein Experiment: Ich würde gern für eine gewisse Zeit in einem Unternehmen ausgesetzt werden und dort die Chefposition übernehmen.[*] Sagen wir, zwei Wochen lang – allzu viel Schaden dürfte das nicht anrichten. Denn auch wenn ich durch dieses Buchprojekt so viel Einblick in das Thema bekommen habe, habe ich trotzdem nur eine vage Ahnung, wie es sich wirklich anfühlt, Chefin zu sein: Entscheidungen treffen zu müssen, die weitreichende Konsequenzen haben. Für Dinge zur Verantwortung gezogen zu werden, die man nicht verbockt hat. Und Menschen zu führen, die alle ihren eigenen Kopf haben. Das würde ich gern ausprobieren.

Eine Sache ist mir über alle Gespräche hinweg immer wieder begegnet und die gefällt mir: Frauen geht es gut in ihren Jobs, sie machen ihre Arbeit gern. Zumindest trifft das auf die zu, die ich getroffen habe, und unter den Mitarbeiterinnen natürlich bei denen, die eine »gute« Chefin haben. Die Chefinnen wie auch die Mitarbeiterinnen genießen die Möglichkeiten, die ihnen ihre Jobs bieten. Sie schöpfen Kraft und Selbstbewusstsein daraus. Sie haben eine besondere Ausstrahlung, sie scheinen glücklich zu sein. Und zufriedene, glückliche Menschen machen ihre Jobs ganz sicher besser.

---

[*] Anfragen bitte gern an den Verlag stellen! Ich bin verantwortungsbewusst und flexibel, beherrsche MS Office sowie Englisch fließend in Wort und Schrift. Man hat mir auch schon Häuser, Autos, Zwerghamster und Kinder anvertraut und alle haben es gut überstanden.

Es war auch spannend, die Sicht der Männer auf das Thema kennenzulernen. Ich habe Männer getroffen, die sich von Klischees befreit haben und sehr reflektiert sind – auch wenn ich es ihnen manchmal auf den ersten Blick nicht zugetraut habe. Da habe ich auch meine Vorurteile hinterfragt. Und nach den Gesprächen, die ich geführt habe, denke ich, dass Männer im Job durchaus auch Verbündete sein können. Es ist nicht: Mann gegen Frau. Sondern im Idealfall: alle gemeinsam.

Jetzt kann ich es ja verraten: Natürlich bin ich ein Fan von weiblichen Chefs. Sonst hätte ich dieses Buch wohl auch nicht geschrieben. Und ich finde, dass es zu viele männliche Chefs gibt. Ich selbst habe einige kennengelernt, die ihren Job nicht besonders gut machen. Und jeder schlechte Chef ist ein schlechter Chef zu viel. Am besten gefällt mir trotzdem der Gedanke, dass Unternehmen am erfolgreichsten sind, wenn sie bei ihren Mitarbeitern auf absolute Ausgewogenheit setzen zwischen Mann und Frau, Alt und Jung, von Menschen aus verschiedenen sozialen und kulturellen Milieus. Dieser Ansatz scheint mir so simpel wie genial zu sein: Den muss sich eine Frau ausgedacht haben ...

Berlin, im Oktober 2011
Juliane Gringer

DIE AUTORIN

Juliane Gringer ist als freie Journalistin ihre eigene Chefin und glücklich damit. Bei der Recherche zu diesem Buch hat sie besonders beeindruckt, wie Frauen ihre weiblichen Qualitäten im Job umsetzen können – wenn sie die Chance dazu bekommen. Im Frühjahr 2011 ist bereits ihr Buch *Zickenalarm* bei Schwarzkopf & Schwarzkopf erschienen.

Juliane Gringer
MEIN CHEF IST EINE FRAU
Erfahrungsberichte über die weibliche Seite der Macht

ISBN 978-3-86265-058-3
© Schwarzkopf & Schwarzkopf Verlag GmbH, Berlin 2011
Lektorat: Carolin Stanneck | Coverfoto: © Dmitriy Shironosov/Shutterstock.com | Alle Rechte vorbehalten. Dieses Werk ist urheberrechtlich geschützt. Jede Verwendung, die über den Rahmen des Zitatrechtes bei korrekter und vollständiger Quellenangabe hinausgeht, ist honorarpflichtig und bedarf der schriftlichen Genehmigung des Verlages.

KATALOG
Wir senden Ihnen gern kostenlos unseren Katalog.
Schwarzkopf & Schwarzkopf Verlag GmbH
Kastanienallee 32, 10435 Berlin
Telefon: 030 – 44 33 63 00
Fax: 030 – 44 33 63 044

INTERNET | E-MAIL
www.schwarzkopf-schwarzkopf.de
info@schwarzkopf-schwarzkopf.de